高等职业教育“十三五”规划教材

高职数学习题集

杨蕊鑫　孙　鑫　赵　钰　主编

图书在版编目(CIP)数据

高职数学习题集／杨蕊鑫，孙鑫，赵钰主编. —天津：天津大学出版社，2019.7
高等职业教育“十三五”规划教材
ISBN 978-7-5618-6458-6

Ⅰ.①高… Ⅱ.①杨… ②孙… ③赵… Ⅲ.①高等数学-高等职业教育-习题集 Ⅳ.①O13-44

中国版本图书馆 CIP 数据核字(2019)第 151743 号

GAOZHI SHUXUE XITIJI

出版发行	天津大学出版社
地　　址	天津市卫津路 92 号天津大学内(邮编:300072)
电　　话	发行部:022-27403647
网　　址	publish. tju. edu. cn
印　　刷	廊坊市海涛印刷有限公司
经　　销	全国各地新华书店
开　　本	169mm×239mm
印　　张	9
字　　数	192 千
版　　次	2019 年 7 月第 1 版
印　　次	2019 年 7 月第 1 次
定　　价	25.00 元

编　委　会

主　编　杨蕊鑫　孙　鑫　赵　钰

副主编　叶万红

参　编　杨　刚

前　言

本书是《高职数学》的配套习题集。“高职数学”是高职高专院校工科专业学生必修的一门基础理论课，是为培养我国现代化建设所需要的高素质应用型人才服务的，相对于初等数学而言，高职数学的对象及方法较为复杂。同时它又是一门有着广泛应用的工具性学科，是众多数学分支和应用学科的重要基础和有力工具。本书根据学院人才培养方案的要求，以培养学生的专业素质为目的，内容编写由浅入深、循序渐进，注重数学知识的应用，充分体现了以下几方面特色。

1. 突出“以应用为目的，以必需、够用为度”的教学原则，打破原有学科体系，对高等数学的知识体系进行了重组：将《高等数学》《线性代数》《概率论与数理统计》《空间解析几何》等课程中的基础重点整合为《高职数学》，全书共6章，主要内容包括函数、极限与连续，导数与微分，积分及其应用，常微分方程初步，线性代数初步，概率统计初步等。

2. 优化了高等数学课程教学内容，在保证必要的基本知识的前提下，省去复杂的计算和证明，对课程中的一些难点作深入浅出的讲述，强调直观描述，淡化理论证明和推导，使之适应专业课教学需要，提高针对性，将高等数学课程与专业课紧密结合起来，充分体现高等数学课程为专业课服务的功能。

3. 坚持以高职教育培养目标为依据，在高等数学的教学中注重理论联系实际，强调对学生基本运算能力和分析问题、解决问题能力的培养，以努力提高学生的数学修养和素质为目的。

4. 重要内容均给出了巩固例题，从而加深学生对相应部分内容的理解和掌握。

5. 在遵循知识体系的基础上适当调整内容。

编者在编写本书的过程中，参考了大量有价值的文献与资料，吸取了许多人的宝贵经验，在此向这些文献的作者表示感谢。此外，本书的编写还得到了天津大学出版社领导和编辑的鼎力支持和帮助，同时也得到了学校领导的支持和鼓励，在此一并表示感谢。由于编者自身水平及时间有限，书中难免有错误和疏漏之处，敬请广大读者和专家给予批评指正。

编者

2019 年 5 月

目　录

第 1 章　函数、极限与连续

习题 1.1　函数的概念及其性质

1. 填空题

(1) 不等式 $x^2-5x-6<0$ 的解集是____________.

(2) 函数 $f(x)=\sqrt{3-x}+\sqrt{2+x}$ 的定义域是____________.

(3) 已知函数 $y=-\sqrt{x-1}$,那么它的反函数是____________.

2. 选择题

(1) 函数 $y=1+\cos x$ 是(　　).

A. 奇函数　　B. 偶函数

C. 单调递增函数　　D. 非奇非偶函数

(2) 下列函数中不是初等函数的是(　　).

A. $y=\sqrt{(x-1)^2}$　　B. $y=x^2-\cos x$

C. $y=\ln^2 x$　　D. $y=\begin{cases} x+1, & x\geqslant 0, \\ x-1, & x<0 \end{cases}$

3. 解答题

1)把下列函数分解成简单函数：

(1) $y=\sqrt[3]{2x-1}$；

(2) $y=\cos[\tan(x^3+1)]$；

(3) $y=3^{\arccos\sqrt{x}}$；

(4) $y=3\ln^2[\sin^3(2x-1)]$.

习题 1.2　极限的概念及其性质

1. 填空题

(1)若数列 $a_n = 2 - \frac{1}{2n}$,则 $\lim\limits_{n \to +\infty} a_n =$ ________.

(2) $\lim\limits_{x \to -\infty} \arctan x =$ ________.

(3) $\lim\limits_{x \to +\infty} \frac{3}{2^{x-1}} =$ ________.

2. 选择题

(1)"$f(x)$在点 $x = x_0$ 处有定义"是"当 $x \to x_0$ 时 $f(x)$ 有极限"的(　　).

A. 充分条件　　B. 必要条件　　C. 充要条件　　D. 无关条件

(2) $\lim\limits_{x \to 0} \frac{|x|}{x} =$ (　　).

A. 0　　B. 1　　C. -1　　D. 不存在

3. 解答题

设函数 $f(x) = \begin{cases} x^2 + 2x - 3, & x \leqslant 1, \\ x, & 1 < x < 2, \\ 2x - 1, & x \geqslant 2, \end{cases}$ 求 $\lim\limits_{x \to 1} f(x)$, $\lim\limits_{x \to 2} f(x)$.

习题 1.3　极限的运算

1. **填空题**

(1) $\lim\limits_{x\to1}\dfrac{x}{x-2}=$______.

(2) $\lim\limits_{x\to0}x\cos\dfrac{2}{x}=$______.

(3) $\lim\limits_{x\to0}\dfrac{\sin 2x}{\tan x}=$______.

(4) 已知$\lim\limits_{x\to0}(1-ax)^{\frac{1}{x}}=\mathrm{e}^{-2}$,则 $a=$______.

(5) 若 $x\to1$ 时,无穷小量 $1-x$ 与 $a(1-x^2)$ 等价,则 $a=$______.

2. **选择题**

(1) 若极限 $\lim\limits_{x\to2}\dfrac{x+a}{x^2-4}$存在,则常数 a 等于(　　).

A. 1.8　　B. 4　　C. 2　　D. -2

(2) 下列极限存在的是(　　).

A. $\lim\limits_{x\to0}2^{\frac{1}{x}}$　　B. $\lim\limits_{x\to\infty}\dfrac{x(x-2)}{x^2}$

C. $\lim\limits_{x\to\infty}\sin x$　　D. $\lim\limits_{x\to\frac{\pi}{4}}\tan 2x$

(3) 下列关于无穷小的叙述,正确的是(　　).

A. 无穷小是一个很小的数　　B. 无穷小是 0

C. 无穷小是以 0 为极限的变量　　D. 有界函数与无穷小的和是无穷小

(4) $\lim\limits_{x\to1}\dfrac{\sin(x-1)}{x^2-1}=$(　　).

A. 1　　B. 0　　C. $\dfrac{1}{2}$　　D. 不存在

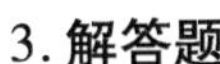

3. 解答题

1)求下列极限：

(1) $\lim\limits_{x \to 1} \dfrac{x^2 + 2x - 3}{x - 1}$;

(2) $\lim\limits_{x \to 2} \dfrac{x^2 - 3x + 2}{x^3 - 8}$;

(3) $\lim\limits_{x \to \infty} \dfrac{2x^3 + 3x - 1}{3x^3 - 2x^2 - 4}$;

(4) $\lim\limits_{x \to 0} \dfrac{1 - \cos 2x}{x\sin x}$;

(5) $\lim\limits_{x\to\infty}\left(1-\dfrac{\pi}{x}\right)^{x}$;

(6) $\lim\limits_{x\to 0}(1+x)^{\frac{2}{x}+3}$;

(7) $\lim\limits_{x\to 0}\dfrac{\ln(1-3x)}{\sin 2x}$;

(8) $\lim\limits_{x\to 0}\dfrac{(1+x)^{2}-1}{1-\mathrm{e}^{2x}}$.

习题 1.4　函数的连续性

1. **填空题**

(1) 函数 $f(x)=\begin{cases}x\sin\dfrac{1}{x}, x>0,\\ a+x^2, x\leqslant 0\end{cases}$ 在 $x=0$ 处连续,则 $a=$______.

(2) 函数 $f(x)=\begin{cases}2x+1, x\geqslant 0,\\ x^2-1, x<0\end{cases}$ 在 $x=0$ 处______.

2. **选择题**

(1) “$f(x)$ 在 x_0 处有定义”是“$f(x)$ 在 x_0 处连续”的(　　).

A. 充分条件　　B. 必要条件

C. 充要条件　　D. 无关条件

(2) 函数 $f(x)$ 在 x_0 处连续,则 $f(x)$ 在该点(　　).

A. 没有极限　　B. 一定有极限

C. 不一定有定义　　D. 不一定有极限

(3) 设函数 $f(x)$ 在 x_0 处间断,则(　　).

A. $f(x)$ 在 x_0 处一定没有意义　　B. 必有 $\lim\limits_{x\to x_0} f(x)=\infty$

C. 必有 $\lim\limits_{x\to x_0^-} f(x)\neq\lim\limits_{x\to x_0^+} f(x)$　　D. 必有 $\lim\limits_{x\to x_0} f(x)\neq f(x_0)$

3. **解答题**

判断下列函数在 $x=0$ 处是否连续：

(1) $f(x)=\begin{cases}\dfrac{\sin x}{x}, & x\neq 0,\\ -1, & x=0;\end{cases}$

(2) $f(x)=\begin{cases}1-e^{x}, & x<0,\\ 1+x, & x\geqslant 0.\end{cases}$

本章测试

1. **填空题**

(1) 函数 $f(x)=\sqrt{25-x^2}+\ln(1-x)$ 的定义域是__________.

(2) 函数 $y=\sqrt{\lg^2\sin\left(2x-\frac{\pi}{4}\right)}$ 的复合过程是__________.

(3) 设 $1<a<\mathrm{e}$, $y=(\ln a)^x$, 则当 $x<0$ 时, y 的范围为__________; 当 $x>0$ 时, y 的范围为__________.

(4) 函数 $f(x)=\begin{cases}2x+a, & x\leqslant 1,\\ x^2+1, & x>1\end{cases}$ 在 $x=1$ 处连续, 则 $a=$__________.

(5) 函数 $f(x)=x\cos\dfrac{1}{x}$ 的间断点是 $x=$______, 且是______间断点.

(6) $f(x)=\dfrac{x-5}{x}$ 是当__________时的无穷小.

2. **选择题**

(1) 下列函数中, (　　) 是基本初等函数.

A. $f(x)=2x^2$　　B. $f(x)=x^{\sqrt{3}}$

C. $f(x)=\begin{cases}x, & x>0,\\ -x, & x<0\end{cases}$　　D. $f(x)=\sin 2x$

(2) 函数 $f(x)=\ln(x-2)$ 的连续区间是(　　).

A. $(0,+\infty)$　B. $(-\infty,2)$　C. $(2,+\infty)$　D. $(-\infty,+\infty)$

(3) 当 $x\to 0$ 时, x^2 与 $\sin x$ 比较的结果是(　　).

A. x^2 是较 $\sin x$ 低阶的无穷小　B. x^2 是较 $\sin x$ 高阶的无穷小

C. x^2 是较 $\sin x$ 同阶的无穷小　D. x^2 与 $\sin x$ 是等价无穷小

(4)设函数 $y=\begin{cases}\dfrac{\sin 2x}{x}, & x\neq 0,\\ k, & x=0\end{cases}$ 在 $x=0$ 处连续,则 k 等于(　　).

A. 1　　B. 2　　C. −1　　D. −2

(5) $\lim\limits_{x\to 0}\dfrac{x-\sin x}{x^2+x}=$(　　).

A. 0　　B. 1　　C. −1　　D. 2

3. 解答题

1)计算下列极限:

(1) $\lim\limits_{x\to\infty}\dfrac{(x^2-1)^2}{2x^2+3}$;

(2) $\lim\limits_{x\to+\infty}\dfrac{2^x+1}{3^x-1}$;

(2) $\lim\limits_{x\to 1}\dfrac{x^3-x^2}{x^2+x-2}$;

(4) $\lim\limits_{x\to 0}\dfrac{\sin 6x}{\sqrt{x+1}-1}$;

(5) $\lim\limits_{x\to\infty}\left(\frac{1+2x}{2x}\right)^{-3x}$；

(6) $\lim\limits_{x\to 0}\left(1+\frac{x}{4}\right)^{\frac{3}{x}+1}$；

(6) $\lim\limits_{x\to 1}\left(\frac{2}{x^2-1}-\frac{1}{x-1}\right)$；

(8) $\lim\limits_{x\to 0}\frac{\sqrt[3]{1+x}-1}{1-e^{2x}}$.

2) 设函数 $f(x)=\begin{cases}x^2-a, & x\leqslant 0,\\ \frac{\sin x}{2x}, & x>0\end{cases}$ 在 $x=0$ 处连续，求常数 a.

3)某人从北京到香港旅行,他把人民币兑换成港币时,币值面额增加了12%. 但因故未能去成,于是他把港币换回人民币,币值面额减少了12%. 经过一来一回的兑换,他亏损了多少钱?

4)已知生产 x 对汽车挡泥板的成本是 $C(x)=10+\sqrt{1+x^2}$(美元),每对的售价为5美元. 于是,销售 x 对的收入为 $R(x)=5x$.

①出售 $x+1$ 对比售出 x 对所产生的利润增长额为:

$$I(x)=[R(x+1)-C(x+1)]-[R(x)-C(x)].$$

当生产稳定、量大时,这个增长额为 $\lim\limits_{x\to+\infty} I(x)$,试求这个极限值.

②生产了 x 对挡泥板,每对的平均成本为 $C(x)/x$. 同样当生产稳定、量大时,每对的生产成本为 $\lim\limits_{x\to+\infty} C(x)/x$,试求这个极限值.

第 2 章　导数与微分

习题 2.1　导数的概念

1. **填空题**

(1) 在“充分”“必要”和“充分必要”三者中选择一个正确的填入下列空格内：$f(x)$ 在点 x_0 可导是 $f(x)$ 在点 x_0 连续的__________条件；$f(x)$ 在点 x_0 连续是 $f(x)$ 在点 x_0 可导的__________条件；$f(x)$ 在点 x_0 的左导数 $f'_-(x_0)$ 及右导数 $f'_+(x_0)$ 都存在且相等是 $f(x)$ 在点 x_0 可导的______________条件.

(2) 设 $y=\sqrt{x}$，则 $y'=$__________，$y'|_{x=4}=$__________.

(3) 设 $y=x^2\cdot\sqrt[3]{x}$，则 $y'=$__________.

(4) 曲线 $y=x^3$ 在点(2,8)处的切线方程是____________________.

5. 设函数 $f(x)=\begin{cases}x^2, x\leqslant 1,\\ ax+b, x>1\end{cases}$ 在 $x=1$ 处可导，则 $a=$______，$b=$______.

2. **选择题**

(1) $\lim\limits_{\Delta x\to 0}\dfrac{f(x+\Delta x)-f(x)}{\Delta x}=($　　$)$.

A. $f(x)$　　B. $f'(x)$　　C. $f(\Delta x)$　　D. $\dfrac{\Delta y}{\Delta x}$

(2)函数 $y=f(x)$ 在点 x_0 处可导,且 $f'(x_0)=0$,则曲线 $y=f(x)$ 在点 $(x_0,f(x_0))$ 处的切线(　　).

A. 平行于 x 轴　　　　B. 平行于 y 轴

C. 平行于直线 $y=x$　　　　D. 不存在

(3)下列说法不正确的是(　　).

A. 如果函数 $f(x)$ 在点 $x=x_0$ 处连续,则 $f(x)$ 在点 $x=x_0$ 处可导

B. 如果函数 $f(x)$ 在点 $x=x_0$ 处不连续,则 $f(x)$ 在点 $x=x_0$ 处不可导

C. 如果函数 $f(x)$ 在点 $x=x_0$ 处可导,则 $f(x)$ 在点 $x=x_0$ 处连续

D. 如果函数 $f(x)$ 在点 $x=x_0$ 处不可导,则 $f(x)$ 在点 $x=x_0$ 处也可能连续

3. 解答题

1)求下列函数的导数:

(1) $y=x^4$;　　　　(2) $y=\sqrt[3]{x}$;

(3) $y=\dfrac{1}{\sqrt{x}}$;　　　　(4) $y=\dfrac{1}{x^2}$;

(5) $y = x^6 + \sqrt[3]{x} + 2$;　　　　(6) $y = x \cdot \sqrt[4]{x}$.

2) 若曲线 $y = x^3 - 2x$ 在点 (x_0, y_0) 处的切线斜率等于 1，求点 (x_0, y_0) 的坐标.

3) 求曲线 $y = 3x^2 + 5x - 1$ 在点 $(1,7)$ 处的切线方程和法线方程.

4) 设 $f(x)=\begin{cases} x\sin\dfrac{1}{x}, & x\neq 0, \\ 0, & x=0, \end{cases}$ 则 $f(x)$ 在点 $x=0$ 处是否连续？是否可导？为什么？

5) 设 $f(x)=\begin{cases} -x, & x<0, \\ x^2, & x\geqslant 0, \end{cases}$，求 $f'_-(0)$ 及 $f'_+(0)$，$f'(0)$ 是否存在？

习题 2.2 函数的求导法则

1. **填空题**

(1)用求导公式填空:

①$y=\sqrt{x}$,$y'=$________; ②$y=\dfrac{1}{x}$,$y'=$________;

③$y=e^x$,$y'=$________; ④$y=\ln x$,$y'=$________;

⑤$y=\sin x$,$y'=$________; ⑥$y=\cos x$,$y'=$________;

⑦$y=\tan x$,$y'=$________; ⑧$y=\sec x$,$y'=$________;

⑨$y=\arcsin x$,$y'=$________; ⑩$y=\arctan x$,$y'=$________.

(2)设 $y=(x^2+x-1)(x-2)$,则 $y'=$________,$y'|_{x=2}=$________.

(3)设 $y=\sin x-\cos x$,则 $y'|_{x=\frac{\pi}{6}}=$________,$y'|_{x=\frac{\pi}{4}}=$________.

(4)曲线 $y=x^3-1$ 在点 $x=2$ 处的切线斜率 $k=$________.

(5)曲线 $y=\sin^2 x$ 在点$\left(\dfrac{\pi}{2},1\right)$处的切线方程为________.

2. **选择题**

(1)设 $f(x)=\sin 2x$,则 $f'(0)=$( ).

A. 0 B. 2 C. -2 D. -1

(2)设 $y=e^{-x^2}$,则 $y'=$( ).

A. $-2xe^{-x^2}$ B. $2e^{-x^2}$ C. $-2e^{-x^2}$ D. $2xe^{-x^2}$

(3)设 $f(x)=\ln\sin x$,则 $f'(x)=$( ).

A. $\dfrac{1}{\sin x}$ B. $\dfrac{1}{\cos x}$ C. $\dfrac{\cos x}{\sin x}$ D. $\dfrac{\sin x}{\cos x}$

(4)设 $y=e^{\sqrt{2x}}$,则$\dfrac{dy}{dx}=$(　　).

A. $2e^{\sqrt{2x}}$　　B. $e^{\sqrt{2x}}$　　C. $\dfrac{1}{\sqrt{2x}}e^{\sqrt{2x}}$　　D. $\dfrac{1}{2\sqrt{2x}}e^{\sqrt{2x}}$

(5)设$f(x)=ax^3+3x^2+2$,若$f'(-1)=3$,则 $a=$(　　).

A. 4　　B. 3　　C. 2　　D. 1

(6)若$f(x)=$(　　),则$f'(x)=\sin 2x$.

A. $\cos^2 x$　　B. $\sin^2 x$　　C. $\sin 2x$　　D. $\cos 2x$

3. 解答题

1)求下列函数的导数:

(1)$y=2x+\sqrt{x}-\ln x$;

(2)$y=5x^5-\ln x+4e^x$;

(3)$y=\tan x+2\sec x-1$;

(4)$y=x\ln x-\dfrac{1}{x}$;

(5) $y=\sin x\cdot\cos x$;

(6) $y=x^3\ln x$;

(7) $y=2e^x\sin x$;

(8) $y=\frac{e^x}{x^2}$;

(9) $y=\frac{\tan x}{x}$;

(10) $y=\frac{x\cos x}{1+\sin x}$.

2)求下列函数的导数:

(1)$y=(3x+5)^4$;

(2)$y=\sin(4-3x)$;

(3)$y=\ln(x^2+1)$;

(4)$y=\cos^2 x$;

(5)$y=e^{\sqrt{x^2+1}}$;

(6)$y=\ln\tan\frac{x}{2}$.

(7) $y=\mathrm{e}^{-x}(x^2-2x)$；　　　　(8) $y=\frac{\sin 2x}{x}$.

3)求下列函数在指定点的导数：

(1)设 $y=3x^2+x\cos x$，求 $y'|_{x=0}$ 及 $y'|_{x=\pi}$；

(2)设 $s=t\sin t+\frac{1}{2}\cos t$，则 $\frac{\mathrm{d}s}{\mathrm{d}t}|_{t=\frac{\pi}{4}}$；

(3) 设 $f(x)=\dfrac{1-\sqrt{x}}{1+\sqrt{x}}$, 求 $f'(4)$.

习题 2.3　高阶导数

1. **填空题**

(1)已知物体的运动规律为 $s(t)=2t^3+3t-1$,则该物体在 $t=2$ 时的速度为________,加速度为______.

(2)设 $y=\mathrm{e}^x$,则 $y^{(n)}=$________.

2. **选择题**

(1)设 $y=\mathrm{e}^{3x}$,则 $f''(0)=$(　　).

A. 3　　B. 9　　C. 18　　D. 27

(2)设 $y=x\cos x$,则 $y''=$(　　).

A. $\cos x-x\sin x$　　B. $\cos x+x\sin x$

C. $-x\cos x-2\sin x$　　D. $x\cos x+2\sin x$

(3)设 $f(x)=\sin x$,则 $f^{(6)}(0)=$(　　).

A. 1　　B. -1　　C. 0　　D. $2n$

3. **解答题**

1)求下列函数的二阶导数:

(1) $y=x^2+\ln x$;　　(2) $y=(1+x^2)^2$;

(3) $y=x\ln x$;

(4) $y=x\cos x$;

(5) $y=\frac{e^x}{x}$;

(6) $y=\arctan x$.

(7) $y=(2x-3)^7$;

(8) $y=e^{2x-1}$;

(9) $y=\ln(1+x^2)$.

2)求下列函数的高阶导数：

(1) $y=(1+x^2)\arctan x$，求 y''；　　(2) $y=\cos^2 x\ln x$，求 y''；

(3) $y=x\mathrm{e}^x$，求 $y^{(5)}$；　　(4) $y=\ln(2+x)$，求 $y^{(10)}$.

3)求下列函数的 n 阶导数的表达式：

(1) $y=x\ln x$；　　(2) $y=x\mathrm{e}^x$.

习题 2.4　微分及其应用

1. 填空题

(1)函数 $y=x^3$ 在 $x=1$ 处,微分 $dy=$______.

(2)将适当的函数填入下列括号中,使等式成立:

①d(　　)$=5dx$;　　②d(　　)$=2xdx$;

③d(　　)$=\cos x dx$;　　④d(　　)$=e^{2x}dx$;

⑤d(　　)$=\frac{1}{\sqrt{1-x^2}}dx$;　　⑥d(　　)$=\frac{1}{\sqrt{x}}dx$;

⑦$d(\sin^2 x)=($　　$)d(\sin x)$.

2. 选择题

(1)$d(\sin 2x)=($　　).

A. $\sin 2xdx$　　B. $-\cos 2xdx$　　C. $2\cos 2xdx$　　D. $-2\cos 2xdx$

(2)设 $y=e^{2x+5}$,则 $dy=($　　).

A. $-2e^{2x+5}dx$　　B. $2e^{2x+5}dx$　　C. $e^{2x+5}dx$　　D. $5e^{2x+5}dx$

(3)设 $f(x)=\sin x+\cos x$,则 $dy=($　　).

A. $(\cos x+\sin x)dx$　　B. $(\cos x-\sin x)dx$

C. $(-\cos x+\sin x)dx$　　D. $(-\cos x-\sin x)dx$

(4)设 $y=f(-x^2)$,则 $dy=($　　).

A. $2f'(-x^2)dx$　　B. $f'(-x^2)dx$

C. $-2xf'(-x^2)dx$　　D. $xf'(-x^2)dx$

(5)若 $f(x)=($　　),则 $dy=\sin 2xdx$.

A. $\cos^2 x$　　B. $\sin^2 x$　　C. $\sin 2x$　　D. $\cos 2x$

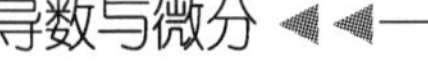

3. 解答题

1)求下列函数的微分:

(1)$y=2x+5$;

(2)$y=120-3x^2$;

(3)$y=x\cos x$

(4)$y=\dfrac{2+x}{1-x^2}$;

(5)$y=xe^{-2x}$;

(6)$y=(x-1)\ln(1-x)$;

(7) $y=(3x-1)^5$;

(8) $y=\ln(1-2x)$;

(9) $y=\sin(x^2+1)$;

(10) $y=\mathrm{e}^{x^2-1}$;

(11) $y=\sqrt{1-2x^2}$;

(12) $y=x^2\sin\frac{1}{x}$.

2)求函数值的近似值;

(1) $\cos 29°$;

(2) $\tan 136°$.

习题 2.5　洛必达法则

1. 填空题

(1) $\lim\limits_{x \to 0} \dfrac{\sin 3x}{\tan 5x} =$ ________.

(2) $\lim\limits_{x \to 1} \dfrac{\ln x}{x-1} =$ ________.

(3) $\lim\limits_{x \to 1} \dfrac{x^3-3x^2+2}{x^3-x^2-x+1} =$ ________.

2. 选择题

(1) 求下列极限能直接使用洛必达法则的是(　　).

A. $\lim\limits_{x \to 0} \dfrac{\sin x}{x}$　　　　B. $\lim\limits_{x \to \infty} \dfrac{\sin x}{x}$

C. $\lim\limits_{x \to 0} \dfrac{x^2 \sin \frac{1}{x}}{\sin x}$　　　　D. $\lim\limits_{x \to \frac{\pi}{2}} \dfrac{5x}{\sin 3x}$

3. 解答题

1) 用洛必达法则求下列极限：

(1) $\lim\limits_{x \to 0} \dfrac{\ln(1+x)}{x}$;　　　　(2) $\lim\limits_{x \to a} \dfrac{\sin x - \sin a}{x-a}$;

(3) $\lim\limits_{x\to\frac{\pi}{2}}\frac{\ln\sin x}{(\pi-2x)^2}$;

(4) $\lim\limits_{x\to+\infty}\frac{e^x}{x^2}$;

(5) $\lim\limits_{x\to0}\frac{e^x-x-1}{x(e^x-1)}$;

(6) $\lim\limits_{x\to0}\frac{\tan x-x}{x^3}$.

2) 验证极限 $\lim\limits_{x\to\infty}\frac{x+\sin x}{x}$存在,但不能用洛必达法则计算.

习题2.6　函数的单调性与极值、最值

1. **填空题**

(1)设函数 $y=f(x)$ 在闭区间 $[a,b]$ 上连续,在 (a,b) 内可导,则

①如果在 (a,b) 内 $f'(x)>0$,那么函数 $y=f(x)$ 在 $[a,b]$ 内__________;

②如果在 (a,b) 内 $f'(x)<0$,那么函数 $y=f(x)$ 在 $[a,b]$ 内__________.

(2)函数 $y=x^3+12x+1$ 在定义域内的单调性为__________.

(3)函数 $y=x^3-12x$ 在 $[-3,3]$ 上的最大值在点 $x=$__________处取得.

(4)设函数 $f(x)=\sqrt{2x-x^2}$,它在区间 $(1,2)$ 内单调递减,则在区间__________内单调递增.

2. **选择题**

(1)设 $f(x)=ax^2+b$ 在区间 $(0,+\infty)$ 内单调增加,则 a,b 应满足(　　).

A. $a<0,b=0$　　B. $a>0,b$ 任意

C. $a<0,b\neq 0$　　D. $a<0,b$ 任意

(2)设函数 $y=f(x)$ 在点 x_0 处取得极值,则(　　).

A. $f'(x_0)$ 不存在或 $f'(x_0)=0$　　B. $f'(x_0)$ 必定不存在

C. $f'(x_0)$ 必定存在且 $f'(x_0)=0$　　D. $f'(x_0)$ 必定存在,不一定为零

(3)函数 $y=x+\dfrac{4}{x}$ 的单调递减区间为(　　).

A. $(-\infty,-2)$ 和 $(2,+\infty)$　　B. $(-2,2)$

C. $(-\infty,0)$ 和 $(0,+\infty)$　　D. $(-2,0)$ 和 $(0,2)$

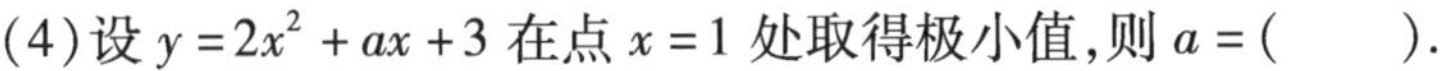

(4)设 $y=2x^2+ax+3$ 在点 $x=1$ 处取得极小值,则 $a=($　　$)$.

A.4　　B.2　　C. -4　　D.0

(5)函数 $y=\frac{x^3}{3}-3x^2+9x$ 在区间 $[0,4]$ 上的最大值点为 $x=($　　$)$.

A.4　　B.0　　C. -4　　D.0

3.**解答题**

1)判定下列函数的单调性及极值:

(1) $y=2x^3+6x-3$;

(2) $y=x^3-3x^2-9x+5$;

(3) $y=xe^{-x}$;

(4) $y=2x^2-\ln x$;

(5) $y=\dfrac{2x}{1+x^2}$；　　　　(6) $y=\sqrt{2x-x^2}$.

2) 求下列函数在给定区间上的最大值和最小值：

(1) $y=2x^3-6x^2-18x+37$，　$x\in[1,4]$；

(2) $y=x^4-2x^2+5, \quad x\in[-2,2]$;

(3) $y=4x^2(x^2-2), \quad x\in[-2,2]$;

(4) $y=\ln(x^2+1), \quad x\in[-1,2]$.

3)欲用围墙围成面积为 216 m^2 的一块矩形土地,并在正中建一堵墙将其隔成两块,问这块土地的长和宽应选取多大尺寸,才能使所用建筑材料最少.

本章测试

1. **填空题**

(1)设函数 $y=f(x)$ 可导,在几何上 $f'(x_0)$ 表示为______.

(2)若曲线 $y=f(x)$ 在点 $(x_0,f(x_0))$ 处的切线平行于直线 $y=3x+1$,则 $f'(x_0)=$__________.

(3)曲线 $y=e^{1+x^3}$ 在点 $(-1,1)$ 处的切线方程为__________,法线方程为__________.

(4)已知 $y=x^2+2^x$,则 $y''=$__________.

(5)设函数 $f(x)=\arcsin\sqrt{x}$,则 $\frac{dy}{dx}=$__________.

(6)已知 $y=x\ln x+x$,则 $dy=$__________.

(7)设函数 $f(x)=(1+x^2)\arctan x$,则 $\frac{dy}{dx}\big|_{x=0}=$__________.

(8)函数 $f(x)=\ln(1+x^2)$ 在区间 $[-1,2]$ 上的最大值为__________,最小值为______.

2. **选择题**

(1)函数 $f(x)=\begin{cases}x^2, & x\leqslant 1,\\ 2x, & x>1\end{cases}$ 在 $x=1$ 处(　　).

A. 可导且 $f'(1)=2$　　B. 可微

C. 不可导　　D. 连续

(2)设曲线 $y=x^2+x+2$ 在 M 点的切线斜率为 3,则 M 点的坐标为( ).

A. (1,1) B. (1,4) C. (1,-4) D. (-4,1)

(3)设 $f(x)=\ln x+e^x$,则 $f'(3)=$( ).

A. $\frac{1}{x}+e^x$ B. $\frac{1}{x}+e^3$ C. $\frac{1}{3}+e^3$ D. $\ln 3+e^3$

(4)设 $y=x\cos x$,则 $y''=$( ).

A. $\cos x+x\sin x$ B. $\cos x-x\sin x$

C. $-x\cos x-2\sin x$ D. $x\cos x+2\sin x$

(5)若 $y=f(u)$,$u=e^x$,且 $f(u)$ 可导,则 $dy=$( ).

A. $[f(e^x)]'du$ B. $f'(e^x)e^x dx$

C. $f'(e^x)dx$ D. $f'(u)dx$

(6)函数 $y=\arcsin x-x$ 的单调递增区间是( ).

A. $(-\infty,+\infty)$ B. (0,1)

C. (-1,1) D. (-1,0)

(7)函数 $f(x)$ 在点 x_0 处取得极值,则必有( ).

A. $f'(x_0)=0$ B. $f'(x_0)\neq 0$

C. $f'(x_0)=0$ 且 $f''(x_0)\neq 0$ D. $f'(x_0)=0$ 或 $f'(x_0)$ 不存在

3. 解答题

1)求下列函数的导数:

(1)$y=x^2+\sqrt{x}-\ln x$; (2)$y=x^3\cos x$;

(3) $y=x\ln x-\frac{1}{x}$;

(4) $y=\frac{x}{1-x^2}$;

(5) $y=x\sin x+\cos x$;

(6) $y=x^5\ln x$;

(7) $y=\frac{3e^x}{1+x^2}$;

(8) $y=\ln\cos x$;

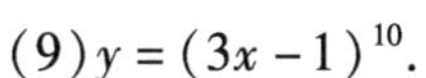

(9) $y=(3x-1)^{10}$.

2) 求下列函数的二阶导数:

(1) $y=(2x-3)^{7}$;

(2) $y=\mathrm{e}^{2x-1}$;

(3) $y=x\ln x$.

3)求下列函数的微分:

(1) $y=\sin x \cdot \cos 3x$;

(2) $y=x^2 \cdot \sin \frac{1}{x}$;

(3) $y=xe^{-2x}$;

(4) $y=\ln(1-2x)$;

(5) $y=\sin(x^2+1)$;

(6) $y=e^{x^2-1}$;

(7) $y=\sqrt{1-2x^2}$；

(8) $y=(x^2-2x+2)\mathrm{e}^{4x}$；

(9) $y=x^2\sin\frac{1}{x}$.

4) 求下列函数的单调区间及极值：

(1) $y=x^4-2x^2-5$；

(2) $y=2x^3-6x^2-18x+7$；

(3) $y=3x^4-8x^3+6x^2+5$;

(4) $y=x^3-3x^2-1$.

第 3 章　积分及其应用

习题 3.1　不定积分的概念与性质

1. 填空题

(1)已知函数 $f(x)=x^2-2^x$,则 $f(x)$ 是__________的一个原函数.

(2)若 $f(x)$ 的一个原函数是 x^3+e^x,则 $f(x)=$__________.

(3)若 $f(x)$ 的一个原函数为 $\cos x$,则 $\int f'(x)\,dx=$__________.

2. 选择题

(1)下列函数中原函数为 $\ln x$ 的是(　　).

A. $\frac{1}{x}$　　B. x　　C. $\frac{2}{x}$　　D. $\frac{1}{2}$

(2) $\int f(x)\,dx=e^{-x}+C$,则 $f(x)=$(　　).

A. e^{-x}　　B. e^x　　C. $-e^x$　　D. $-e^{-x}$

(3)下列各式中不正确的是(　　).

A. $\int \frac{1}{x^2}dx=-\frac{1}{x}+C$　　B. $\int \frac{1}{x}dx=\ln(3x)+C$

C. $\int \frac{1}{\sqrt{1-x^2}}dx=\arcsin x+C$　　D. $\int \frac{1}{\sqrt{1-x^2}}dx=-\arccos x+C$

3. 解答题

1)求下列不定积分：

(1) $\int \frac{1}{x^3}dx$；

(2) $\int \left(\frac{x}{2}+\frac{1}{x}-2e^x\right)dx$；

(3) $\int \frac{(x-1)^2}{x}dx$；

(4) $\int \frac{1-x^4}{1+x^2}dx$；

(5) $\int \left(x\sqrt{x}-\frac{4}{x^4}\right)dx$；

(6) $\int \frac{x^2-x^3+1}{x}dx$.

2）已知某产品产量的变化率是时间 t 的函数，$f(t)=2t^2-3$，设此产品关于 t 的产量函数是 $P(t)$，已知 $P(0)=3$，求 $P(t)$.

3）某种健身器材的边际成本函数为 $C'(x)=3\ 000-2x$（元/台），其中产量为 x（单位：台），当 $0\leqslant x\leqslant 2\ 000$ 时，固定成本为50万元，求总成本函数.

习题 3.2 不定积分的积分方法

1. **填空题**

(1) $\mathrm{d}x=$ ______ $\mathrm{d}(2x+3)$.

(2) $x\mathrm{d}x=$ ______ $\mathrm{d}(2x^2+1)$.

(3) $\cos 2x=$ ______ $\mathrm{d}(\sin 2x)$.

(4) $\frac{1}{\sqrt{x}}\mathrm{d}x=$ ______ $\mathrm{d}(\sqrt{x})$.

(5) 已知$\frac{x}{\ln x}$是$f(x)$的一个原函数,则$\int xf'(x)\mathrm{d}x=$ ________.

(6) 若$\int f(x)\mathrm{d}x=x^2+C$,则$\int xf(1-x^2)\mathrm{d}x=$ ____________.

2. **选择题**

(1) 设$\int f(x)\mathrm{d}x=\mathrm{e}^x+C$,则$\int xf(x^2)\mathrm{d}x=$( ).

A. $2\mathrm{e}^x+C$　　B. $\frac{1}{2}\mathrm{e}^x+C$　　C. $\mathrm{e}^{x^2}+C$　　D. $\frac{1}{2}\mathrm{e}^{x^2}+C$

(2) 设$f'(x)$连续,则$\int f'(2x)\mathrm{d}x=$( ).

A. $f(2x)+C$　　B. $\frac{1}{2}f(2x)+C$　　C. $f'(2x)+C$　　D. $\frac{1}{2}f'(2x)+C$

(3) $\int\frac{\ln^2 x}{x}\mathrm{d}x=$( ).

A. $\frac{\ln^3 x}{3}+C$　　B. $\ln^3 x+C$　　C. $\ln^2 x+C$　　D. $\frac{\ln^2 x}{x}+C$

(4) $\int\frac{1}{\mathrm{e}^x+\mathrm{e}^{-x}}\mathrm{d}x=$( ).

A. $\arctan \mathrm{e}^{x}+C$　　　　B. $\arctan \mathrm{e}^{-x}+C$

C. $\mathrm{e}^{x}-\mathrm{e}^{-x}+C$　　　　D. $\ln(\mathrm{e}^{x}+\mathrm{e}^{-x})+C$

3. 解答题

1)计算下列积分:

(1) $\int \mathrm{e}^{2x+1}\mathrm{d}x$;　　　　(2) $\int \frac{1}{\sqrt{2+3x}}\mathrm{d}x$;

(3) $\int \frac{\mathrm{d}x}{(2x-5)^{3}}\mathrm{d}x$;　　　　(4) $\int \mathrm{e}^{\cos x}\sin x\mathrm{d}x$;

(5) $\int x\sqrt{1-x^{2}}\mathrm{d}x$;　　　　(6) $\int x^{2}(2x^{3}-3)^{10}\mathrm{d}x$.

习题 3.3　定积分的概念和性质

1. 填空题

(1)定积分$\int_{-1}^{2}\sin 2x\mathrm{d}x$ 的积分上限是______;积分下限是______.

(2)$\int_{0}^{3}(2x-1)\mathrm{d}x=$______.

(3)$\int_{0}^{2}|1-x|\mathrm{d}x=$______.

(4)$\int_{0}^{\frac{\pi}{4}}\cos x\mathrm{d}x$ ______(< , = , >)$\int_{0}^{\frac{\pi}{4}}\sin x\mathrm{d}x$.

2. 选择题

(1)下列与定积分$\int_{1}^{2}\cos 2x\mathrm{d}x$ 的值相等的是(　　).

A. $\int_{1}^{2}\sin 2x\mathrm{d}x$　B. $\int_{1}^{2}\cos t\mathrm{d}t$　C. $-\int_{1}^{2}\sin t\mathrm{d}t$　D. $\int_{1}^{2}\cos 2t\mathrm{d}t$

(2)下列不等式正确的是(　　).

A. $\int_{0}^{1}x\mathrm{d}x\leqslant\int_{0}^{1}x^2\mathrm{d}x$　　B. $\int_{0}^{1}x^2\mathrm{d}x\leqslant\int_{0}^{1}x^3\mathrm{d}x$

C. $\int_{1}^{2}x\mathrm{d}x\leqslant\int_{1}^{2}x^2\mathrm{d}x$　　D. $\int_{1}^{2}\ln x\mathrm{d}x\leqslant\int_{1}^{2}\ln^2x\mathrm{d}x$

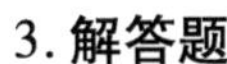

3. 解答题

1）计算下列定积分：

（1）$\int_{-2}^{2}\sqrt{4-x^2}\,\mathrm{d}x$；

（2）$\int_{-1}^{4}|x-3|\,\mathrm{d}x$.

习题 3.4 定积分的积分方法

1. **填空题**

(1) $\int_0^1 x\mathrm{e}^{-x}\mathrm{d}x=$____.

(2) $\int_0^1 (1-x)^{100}\mathrm{d}x=$____.

2. **选择题**

(1) 函数 $f(x)$ 在 $[a,b]$ 上连续,则 $\left[\int_a^x f(t)\mathrm{d}t\right]'=$ (   ).

A. $f(x)$ B. $-f(x)$

C. $f(x)-f(a)$ D. $f(x)+f(a)$

(2) $\int_0^1 f'(3x)\mathrm{d}x=$ (   ).

A. $3[f(3)-f(0)]$ B. $3[f(1)-f(0)]$

C. $\frac{1}{3}[f(3)-f(0)]$ D. $\frac{1}{3}[f(1)-f(0)]$

3. 解答题

1)计算下列定积分:

(1) $\int_{1}^{2}\left(x-\frac{1}{x}\right)^{2}\mathrm{d}x$;

(2) $\int_{0}^{1}\frac{1}{x^{2}-4}\mathrm{d}x$;

(3) $\int_{0}^{1}\sqrt{x^{2}-4x+4}\,\mathrm{d}x$;

(4) $\int_{4}^{9}\sqrt{x}(1-\sqrt{x})\,\mathrm{d}x$;

(5) $\int_{0}^{1}\mathrm{e}^{2x-1}\mathrm{d}x$;

(6) $\int_{0}^{2}x\sqrt{1-x^{2}}\,\mathrm{d}x$.

习题 3.5　定积分的应用

1. **填空题**

(1) 曲线 $y=x^2$ 与直线 $y=0, x=2$ 所围成的图形的面积为______.

(2) 曲线 $y^2=2x$ 与直线 $y=x-4$ 所围成的图形的面积为______.

2. **选择题**

(1) 曲线 $y=\sqrt{x}$ 与直线 $y=x$ 所围成的图形绕 x 轴旋转一周所成的旋转体的体积为(　　).

A. $\frac{\pi}{3}$　　B. π　　C. $\frac{\pi}{6}$　　D. $\frac{\pi}{2}$

3. **解答题**

1) 计算由下列曲线和直线所围成的图形的面积：

(1) $y=\frac{1}{x}, y=x, x=2$；　　(2) $y=x^3, x=0, y=2$；

(3) $y=x^2-1, x-y+1=0$；　　(4) $y=\frac{x^2}{2}, x-y+4=0$.

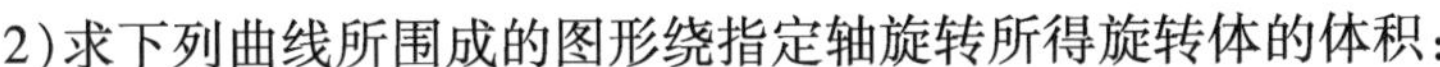

2)求下列曲线所围成的图形绕指定轴旋转所得旋转体的体积：

(1) $y=\sqrt{x}$ 与 $x=1$, $x=4$, $y=0$ 绕 x 轴；

(2) $y=x$ 与 $x=2$, $y=0$ 绕 y 轴.

3)设某产品的边际收入函数为 $R'(q)=9-q$(万元/万台)，边际成本函数为 $C'(q)=4+\frac{1}{4}q$(万元/万台)，其中产量 q 以万台为单位，求：

(1)当 q 为多少时利润最大？

(2)当产量由 4 万台增加到 5 万台时利润的增量是多少？

本章测试

1. **填空题**

(1) $\int\left(2e^x-\frac{2}{x}\right)dx=$ ________.

(2) $\int\frac{x}{\sqrt{1-x^2}}dx=$ ________.

(3) 设 $\int xf(x)\,dx=\arccos x+C$，则 $\int\frac{dx}{f(x)}=$ ________.

(4) 若 $\int_0^1(2x-k)\,dx=2$，则 $k=$ ______.

(5) 曲线 $y=x^2-2$ 在区间 $[0,2]$ 上的曲边梯形面积为________.

(6) 设边际成本为 $C'(x)=100+x^2$（$x\geqslant0$ 为产量），固定成本为 $C_0=50$，则总成本函数 $C(x)$ 表示为________.

(7) 设边际收入函数为 $R'(x)=10+0.1q$（元），当产量 q 从 300 件增长到 500 件时，收入增长为________元；可用积分将总利润函数 $L(x)$ 表示为________.

2. **选择题**

(1) 下列函数中，是 $\sin 2x$ 的原函数的是（　　）.

A. $\sin^2x$　　B. $-\cos^2x$　　C. $\frac{1}{2}\sin 2x$　　D. $-\frac{1}{2}\cos 2x$

(2) 若 $f(x^2)=\frac{1}{x^2}$（$x>0$），则 $f(x)=$（　　）.

A. $\frac{1}{\sqrt{x}}+C$　　B. $2\sqrt{x}+C$　　C. $\sqrt{x}+C$　　D. $\ln|x|+C$

(3) $\int_{0}^{\frac{\pi}{2}} \sin 2x\mathrm{d}x =$ (　　).

A. $-\frac{1}{2}$　　B. 0　　C. $\frac{1}{4}$　　D. $\frac{1}{2}$

(4) 曲线 $y=\mathrm{e}^{x}$ 与直线 $x=1, x=3, y=0$ 所围成的平面图形绕 x 轴旋转一周所得的旋转体的体积为(　　).

A. 0　　B. ln 5　　C. $\frac{1}{2}\ln 5$　　D. 2ln 3

(5) $\int_{a}^{b} \frac{\ln x}{x}\mathrm{d}x =$ (　　).

A. $\frac{1}{2}(\ln^2 b - \ln^2 a)$　　B. $\frac{1}{2}(\ln^2 a - \ln^2 b)$

C. $\ln^2 b - \ln^2 a$　　D. $\ln^2 a - \ln^2 b$

(6) 已知 $k>0$, 且 $\int_{0}^{k}(2x-x^2)\mathrm{d}x=0$, 则 $k=$ (　　).

A. 1　　B. 2　　C. 3　　D. 4

3. **解答题**

1) 计算下列积分:

(1) $\int \frac{x^2-1}{\sqrt{x}}\mathrm{d}x$;　　(2) $\int_{0}^{1}(2x+3)^5\mathrm{d}x$;

(3) $\int xe^{1-x^2}dx$;

(4) $\int_2^e \frac{1}{x\ln x}dx$;

(5) $\int \frac{1}{x^2-4}dx$;

(6) $\int_1^e \frac{\ln^2 x}{x}dx$;

(7) $\int \frac{x^2dx}{\sqrt{2-5x^3}}$;

(8) $\int_0^3 \frac{x}{\sqrt{1+x}}dx$;

(9) $\int_{0}^{\frac{\pi}{4}} \cos^2 2x\mathrm{d}x$;　　　　(10) $\int_{-1}^{1} \frac{1}{\sqrt{5-4x}}\mathrm{d}x$;

(11) $\int \frac{1}{9+4x^2}\mathrm{d}x$;　　　　(12) $\int_{\frac{\pi}{6}}^{\frac{\pi}{2}} \cos^3 x\sin x\mathrm{d}x$.

2) 设生产某种食品的固定成本为 100 万元，生产 x 瓶饮料的边际成本是 $100/(x+1)$（元/瓶），求生产这种饮料的总成本函数.

3)求曲线 $y=x^3$ 与直线 $y=0,y=2,x=0$ 所围成的图形绕 y 轴旋转一周形成的旋转体的体积.

4)资本存量 $K(t)$ 是时间 t 的函数,它的变化率等于净投资 $I(t)$. 现知道净投资 $I(t)=30\sqrt{t}$(单位:万元/年),求第一年年初到第四年年初的资本存量.

5)已知生产 q 台洗衣机的边际成本为 $C'(q)=2$(百元/台),边际收入 $R'(q)=18-0.02q$(百元/台),问:

(1)当产量为多少时总利润最大?

(2)在总利润最大的产量基础上再生产 100 台,总利润将如何变化?

第 4 章　常微分方程初步

习题 4.1　可分离变量的微分方程

1. 填空题

(1) $y=x$ 是微分方程 $y''+2y=f(x)$ 的解，则 $f(x)=$____________.

(2) 微分方程 $\frac{dy}{dx}=x$ 的通解是____________.

(3) 微分方程 $y'=2xy$ 的通解是____________.

(4) 微分方程 $y'=e^{x+y}$ 的通解是____________.

2. 选择题

(1) 微分方程 $\frac{dy}{dx}=2x$ 的一条积分曲线是(　　).

A. $y=x^3+c$　　B. $y=\frac{1}{2}x^2+c$　　C. $y=cx^2$　　D. $y=x^2+1$

(2) 微分方程 $x(y')^2-2yy'+x=0$ 的阶数是(　　).

A. 1　　B. 2　　C. 3　　D. 4

(3) 微分方程 $y'-y=1$ 的通解为(　　).

A. $y=ce^x$　　B. $y=ce^x+1$　　C. $y=ce^x-1$　　D. $y=e^x-1$

(4)下列微分方程中,属于变量可分离的微分方程是(　　).

A. $(xy^2+x)\mathrm{d}x+(x^2y-y)\mathrm{d}y=0$

B. $y'=x^2+y^2$

C. $x\mathrm{d}y+y\mathrm{d}x+1=0$

D. $\dfrac{\mathrm{d}y}{\mathrm{d}x}=x^3-y^3$

(5)已知 $y'=1+x^2$,且 $f(0)=1$,则 $y=$(　　).

A. $y=x+\dfrac{1}{3}x^3+1$　　B. $y=x-\dfrac{1}{3}x^3+1$

C. $y=-x+\dfrac{1}{3}x^3+1$　　D. $y=x+\dfrac{1}{3}x^3+C$

3. 解答题

1)求下列微分方程的通解:

(1) $y'=3x^2$;　　(2) $\dfrac{\mathrm{d}y}{\mathrm{d}x}=-\dfrac{x}{y}$;

(3) $(xy^2+x)\mathrm{d}x+(y-x^2y)\mathrm{d}y=0$;　　(4) $xy'-y\ln x=0$.

2)求下列微分方程满足初始条件的特解：

(1) $x\mathrm{d}y + 2y\mathrm{d}x = 0$,　　$y|_{x=2} = 1$;

(2) $\dfrac{\mathrm{d}y}{y^2} + \dfrac{\mathrm{d}x}{x^2} = 0$,　　$y|_{x=1} = 2$.

习题4.2　一阶线性微分方程

1. **填空题**

(1) 一阶齐次线性微分方程 $y' + p(x)y = 0$ 的通解公式为 ______.

(2) 一阶非齐次线性微分方程 $y' + p(x)y = q(x)$ 的通解公式为 ______.

2. **选择题**

(1) 下列方程为一阶线性微分方程的是(　　).

A. $y' + 2y^2 = x$　　B. $y' + y = x$

C. $(y')^2 + 2y = x$　　D. $y' + y'' = x$

(2) 微分方程 $y' + ky = 0$(k 为常数)的通解为(　　).

A. $y = Ce^{-kx}$　　B. $y = Cxe^{kx}$　　C. $y = Ce^{kx}$　　D. $y = e^{kx} + C$

(3) 微分方程 $(x+y)dy = (x-y)dx$ 是(　　).

A. 线性方程　　B. 可分离变量方程

C. 齐次方程　　D. 一阶线性非齐次方程

3. 解答题

1)求下列微分方程的通解：

(1) $y' + y = e^{-x}$；

(2) $xy' + y = e^x$；

(3) $xy' - y = 2x\ln x$；

(4) $xy' + 2y = 1 - \frac{1}{x}$.

(3) $y' + e^x y = 0$；

(6) $(xy + e^x)dx = xdy$.

2)求下列微分方程满足所给初始条件的特解：

(1) $y' + 2y = 3, y|_{x=0} = 1$；　　　　(2) $\frac{1}{x}\frac{dy}{dx} - 2y = 1, y|_{x=0} = 1$；

(3) $y' = e^{2x-y}, y|_{x=0} = 0$；　　　　(4) $y^2 dx + (x+1) dy = 0, y|_{x=0} = 1.$

3)已知曲线过点(1, 1)，并且它在点(x, y)的斜率等于$2x + \frac{y}{x}$，求该曲线的方程.

本章测试

1. **填空题**

(1) $x^2y'+2y^3=1$ 是__________阶微分方程.

(2)微分方程 $y\mathrm{d}x+(x^2-4x)\mathrm{d}x=0$ 的通解是__________.

(3)微分方程 $y'+y\tan x=\cos x$ 的通解是__________.

(4)方程 $\mathrm{e}^{-x}y'=1$ 的通解是__________.

(5)初值问题 $y'=x^2\sqrt{y}, y|_{x=0}=0$ 的解是__________.

(6)方程 $y'-y=1$ 的通解是__________.

(7)一条曲线过点 $(-1,1)$,并且它在点 (x,y) 的斜率等于 $2x+1$,则曲线方程是__________.

2. **选择题**

(1)微分方程 $xyy''-x(y')^3-y^4y'=0$ 的阶数是(　　).

A. 1　　B. 2　　C. 3　　D. 4

(2)微分方程 $xy'=2y$ 的通解为(　　).

A. $y=x^2+1$　　B. $y=x^2+C$

C. $y=5x^2$　　D. $y=Cx^2$

(3)下列微分方程中,属于变量可分离微分方程的是(　　).

A. $\dfrac{\mathrm{d}y}{\mathrm{d}x}=\ln(x+y)$　　B. $y'+\dfrac{1}{x}y=y^2\mathrm{e}^x$

C. $x\sin(xy)\mathrm{d}x+y\mathrm{d}y=0$　　D. $\dfrac{\mathrm{d}y}{\mathrm{d}x}=x\sin y$

(4) 微分方程 $y'+2y=4x$ 的通解为(　　).

A. $y=C\mathrm{e}^{-2x}$　　B. $y=2x+1+C\mathrm{e}^{-2x}$

C. $y=2x-1+Ce^{-2x}$　　　　D. $y=2x-1$

(5)方程$\frac{\mathrm{d}y}{\mathrm{d}x}+\frac{1}{x}y=\frac{1}{x^2}$满足初始条件$f(1)=0$的特解为(　　).

A. $y=\ln x$　　　　B. $y=\frac{1}{x}$

C. $y=\frac{\ln x}{x}$　　　　D. $y=\frac{\ln x}{x^2}$

3. 解答题

1)求下列微分方程的通解:

(1)$x\frac{\mathrm{d}y}{\mathrm{d}x}=x-y$;　　　　(2)$y'-y\cot x=2x\sin x$;

(3)$xy'-y=x$;　　　　(4)$y'+2y=e^{-x}$;

(5) $\frac{dy}{dx}+\frac{1}{x}y=\frac{\sin x}{x}$;

(6) $\frac{dy}{dx}+2xy=2xe^{-x^2}$.

2)求微分方程 $x\mathrm{d}y+2y\mathrm{d}x=0$ 满足初始条件 $y|_{x=2}=1$的特解.

3)求微分方程 $y'x\ln x-y=1+\ln^2 x$ 满足初始条件 $y|_{x=e}=1$的特解.

4)求微分方程$\frac{dy}{dx}+\frac{y}{x}=\frac{x+1}{x}$满足初始条件$y|_{x=2}=3$的特解.

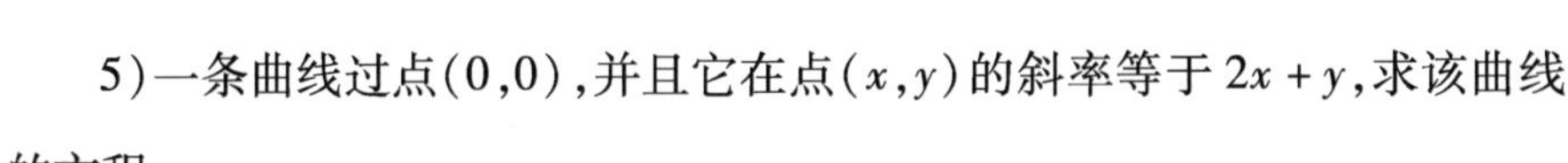

5)一条曲线过点(0,0),并且它在点(x,y)的斜率等于$2x+y$,求该曲线的方程.

第 5 章　线性代数初步

习题 5.1　行列式

1. **填空题**

(1) 逆序数等于______的排列称为奇排列，逆序数等于偶数的排列称为______.

(2) $\begin{vmatrix} 2 & 4 \\ 1 & 3 \end{vmatrix}=$__________，$\begin{vmatrix} 3 & 5 \\ 2 & 1 \end{vmatrix}=$__________.

(3) 已知 $\begin{vmatrix} 1 & 1 & 1 \\ 2 & 4 & 6 \\ 6 & 8 & 10 \end{vmatrix}=\begin{vmatrix} a & 0 & 0 \\ 0 & b & 0 \\ 0 & 0 & c \end{vmatrix}$，则 $a=$_____. $b=$_____. $c=$_____.

(4) n 阶行列式展开后共有______项.

(5) $\begin{vmatrix} n & 0 & \cdots & 0 \\ 0 & n & \cdots & 0 \\ \vdots & \vdots & & \vdots \\ 0 & 0 & \cdots & n \end{vmatrix}=$__________，$\begin{vmatrix} 1 & 2 & 3 & 4 \\ 2 & 5 & 6 & 1 \\ 3 & 0 & 8 & 4 \\ 1 & 2 & 3 & 4 \end{vmatrix}=$__________.

2. **选择题**

(1) 以下说法错误的是(　　).

A. 行列式的行与列顺次互换，行列式的值不变

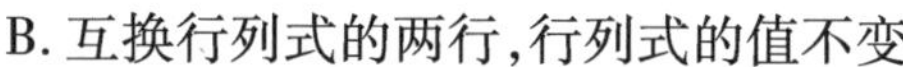

B. 互换行列式的两行，行列式的值不变

C. 行列式中某行(列)的元素全部为零，行列式的值为零

D. 行列式的两行(列)完全相同，行列式的值为零

(2)若 A 是三阶行列式，B 是 n 阶行列式，则 A 与 B 的大小关系为(　　).

A. 大于　　B. 小于　　C. 等于　　D. 都有可能

(3) $\begin{vmatrix} \cos x & \sin x \\ \sin x & \cos x \end{vmatrix}=$(　　).

A. $\cos\dfrac{x}{2}$　　B. $\sin\dfrac{x}{2}$　　C. $\cos 2x$　　D. $\sin 2x$

3. 解答题

1)计算下列行列式的值:

(1)$A=\begin{vmatrix} 2 & 1 & 4 \\ 4 & 3 & 2 \\ 6 & 3 & 3 \end{vmatrix}$;　　(2)$A=\begin{vmatrix} 5 & 1 & 6 \\ 4 & 2 & 5 \\ 3 & 3 & 4 \end{vmatrix}$;

(3)$A=\begin{vmatrix} 1 & 4 & 0 \\ 2 & 6 & 3 \\ 3 & 5 & 7 \end{vmatrix}$;

(4) $A=\begin{vmatrix} 8 & 1 & -5 & 1 \\ 9 & -3 & 0 & -6 \\ -5 & 2 & -1 & 2 \\ 0 & 4 & -7 & 6 \end{vmatrix}$;

(5) $A=\begin{vmatrix} 2 & 8 & -5 & 1 \\ 1 & 9 & 0 & -6 \\ 0 & -5 & -1 & 2 \\ 1 & 0 & -7 & 6 \end{vmatrix}$;

(6) $A=\begin{vmatrix} a & b & c & 1 \\ b & c & a & 1 \\ c & a & b & 1 \\ \frac{b+c}{2} & \frac{c+a}{2} & \frac{a+b}{2} & 1 \end{vmatrix}$.

2)证明下列等式成立:

(1) $\begin{vmatrix} \cos\frac{\alpha-\beta}{2} & \cos\frac{\alpha+\beta}{2} & \cos\frac{\alpha+\beta}{2} \\ \cos\frac{\beta-\gamma}{2} & \cos\frac{\beta+\gamma}{2} & \cos\frac{\beta+\gamma}{2} \\ \cos\frac{\gamma-\alpha}{2} & \cos\frac{\gamma+\alpha}{2} & \cos\frac{\gamma+\alpha}{2} \end{vmatrix} = \frac{1}{2}[\sin(\beta-\alpha)+\sin(\alpha-\gamma)+\sin(\gamma-\beta)]$;

(2)若 $x_1+x_2+x_3+x_4=1$,则

$$\begin{vmatrix} 1 & 1 & 1 & 1 \\ x_1 & x_2 & x_3 & x_4 \\ x_1^2 & x_2^2 & x_3^2 & x_4^2 \\ x_1^4 & x_2^4 & x_3^4 & x_4^4 \end{vmatrix}=(x_1-x_2)(x_1-x_3)(x_1-x_4)(x_2-x_3)(x_2-x_4)$$

(x_3-x_4).

3)计算下列 n 阶行列式的值:

(1) $\begin{vmatrix} x & y & 0 & \cdots & 0 & 0 \\ 0 & x & y & \cdots & 0 & 0 \\ \vdots & \vdots & \vdots & & \vdots & \vdots \\ 0 & 0 & 0 & \cdots & y & 0 \\ 0 & 0 & 0 & \cdots & x & y \end{vmatrix}$;　　(2) $\begin{vmatrix} 1 & 2 & 3 & \cdots & n-1 & n \\ 1 & -1 & 0 & \cdots & 0 & 0 \\ 0 & 2 & -2 & \cdots & 0 & 0 \\ \vdots & \vdots & \vdots & \cdots & \vdots & \vdots \\ 0 & 0 & 0 & \cdots & n-1 & 1-n \end{vmatrix}$.

习题 5.2 矩阵及其运算

1. 填空题

(1) 如果矩阵 $\boldsymbol{A}$ 和 $\boldsymbol{B}$ 有相同的行数与列数，则称 $\boldsymbol{A}$ 和 $\boldsymbol{B}$ 为____________.

(2) 已知 $\boldsymbol{\alpha}=(0,1,1)$，$\boldsymbol{\beta}=(1,1,0)$，则 $\boldsymbol{\alpha}-\boldsymbol{\beta}=$____________.

(3) 设 $\boldsymbol{A}=\begin{pmatrix}2 & 2\\1 & 3\end{pmatrix}$，$\boldsymbol{B}=\begin{pmatrix}4 & 0\\1 & 3\end{pmatrix}$，则 $2\boldsymbol{A}-3\boldsymbol{B}=$____________.

2. 选择题

(1) 下列矩阵中，是标准形矩阵的是(　　).

A. $\begin{pmatrix}0&0&1\\1&0&0\\0&1&0\end{pmatrix}$　　B. $\begin{pmatrix}2&3&1\\4&6&5\\9&7&8\end{pmatrix}$　　C. $\begin{pmatrix}0&0\\0&0\\1&0\\0&1\\1&1\end{pmatrix}$　　D. $\begin{pmatrix}1&0&0&0\\0&1&0&0\\0&0&1&0\\0&0&0&0\end{pmatrix}$

(2) (多选) 行阶梯形矩阵的特点是(　　).

A. 非零行(即元素不全为零的行)总是在零行(即元素全为零的行)的上方

B. 非零行(即元素不全为零的行)总是在零行(即元素全为零的行)的下方

C. 每一非零行的先导元素总是位于上一非零行的先导元素的右侧

D. 每一非零行的先导元素总是位于上一非零行的先导元素的左侧

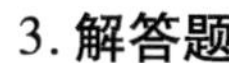

3. 解答题

1)计算下列矩阵的乘积：

(1) $\begin{pmatrix} 3 & -2 \\ 0 & 1 \\ 2 & 4 \\ -1 & 0 \end{pmatrix}\begin{pmatrix} 2 & 1 & -1 \\ 0 & -1 & 2 \end{pmatrix}$;

(2) $\begin{pmatrix} 1 & 2 & -1 \\ -2 & 1 & 0 \\ 1 & 0 & 3 \end{pmatrix}\begin{pmatrix} 2 & 3 \\ 1 & -1 \\ 2 & 4 \end{pmatrix}$;

(3) $(1\quad -1\quad 2)\begin{pmatrix}2 & 1 & 0\\ 1 & 1 & 3\\ 4 & 2 & 1\end{pmatrix}$;

(4) $\begin{pmatrix}1 & 1 & 0\\ 1 & -1 & 0\\ \frac{1}{2} & \frac{1}{2} & 1\end{pmatrix}\begin{pmatrix}0 & -2 & 1\\ -2 & 0 & 1\\ 1 & 1 & 0\end{pmatrix}\begin{pmatrix}1 & 1 & \frac{1}{2}\\ 1 & -1 & \frac{1}{2}\\ 0 & 0 & 1\end{pmatrix}$.

2)设 $\boldsymbol{A}=(1,1,1,1)$,$\boldsymbol{B}=(1,-1,+1,-1)$,$\boldsymbol{C}=(3,1,3,1)$,求 $2\boldsymbol{A}+\boldsymbol{B}-\boldsymbol{C}$.

3)设 $\boldsymbol{A}=\begin{pmatrix}2 & 3\\1 & -1\end{pmatrix}$,$\boldsymbol{B}=\begin{pmatrix}1 & 0\\2 & 3\end{pmatrix}$,求 $\boldsymbol{A}^2$,$\boldsymbol{B}^2$,$\boldsymbol{A}^2\boldsymbol{B}^2$ 和$(\boldsymbol{A}\boldsymbol{B})^2$.

4)解下列矩阵方程,求 $\boldsymbol{X}$:

(1)$\begin{pmatrix}2 & 5\\1 & 3\end{pmatrix}\boldsymbol{X}=\begin{pmatrix}4 & -6\\2 & 1\end{pmatrix}$;　　　　(2)$\boldsymbol{X}\begin{pmatrix}3 & 4\\4 & 8\end{pmatrix}=\begin{pmatrix}2 & 4\\9 & 18\end{pmatrix}$;

(3) $\begin{pmatrix} 2 & 3 & -1 \\ 1 & 2 & 0 \\ -1 & 2 & -2 \end{pmatrix}\boldsymbol{X}=\begin{pmatrix} 2 \\ -1 \\ 3 \end{pmatrix}$;

(4) $\begin{pmatrix} 3 & -1 & 2 \\ 4 & -3 & 3 \\ 1 & 3 & 0 \end{pmatrix}\boldsymbol{X}=\begin{pmatrix} 3 & 9 \\ 1 & 11 \\ 7 & 5 \end{pmatrix}$;

(5) $\begin{pmatrix} 0 & 1 & 0 \\ 1 & 0 & 0 \\ 0 & 0 & 1 \end{pmatrix}\boldsymbol{X}\begin{pmatrix} 1 & 0 & 0 \\ 0 & 0 & 1 \\ 0 & 1 & 0 \end{pmatrix}=\begin{pmatrix} 1 & -4 & 3 \\ 2 & 0 & -1 \\ 1 & -2 & 0 \end{pmatrix}$.

习题 5.3　矩阵的秩与逆矩阵

1. 填空题

(1) 矩阵 $\boldsymbol{A}$ 的秩为 r，则 $r(\boldsymbol{A}^{\mathrm{T}}) =$ __________.

(2) 如果一个系数矩阵的秩为 r 的线性方程组无解，则它的增广矩阵的秩为__________.

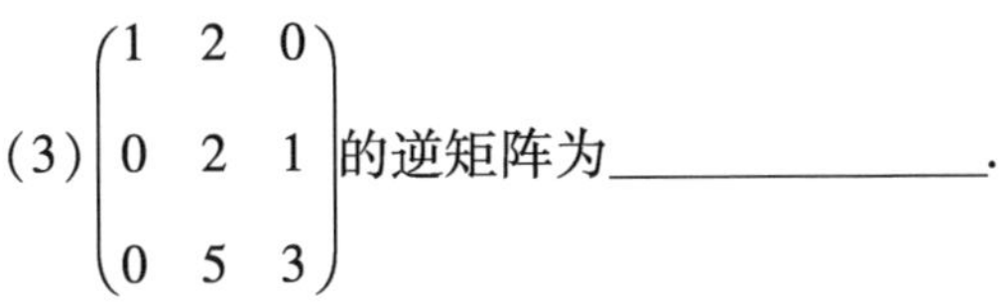

(3) $\begin{pmatrix} 1 & 2 & 0 \\ 0 & 2 & 1 \\ 0 & 5 & 3 \end{pmatrix}$ 的逆矩阵为______________.

(4) $\begin{pmatrix} 1 & 2 & -2 \\ 2 & 1 & 2 \\ 1 & 1 & 0 \end{pmatrix}$ 的最简形矩阵为__________.

2. 选择题

(1) 设 $\boldsymbol{A} = \begin{pmatrix} 1 & 1 & 1 \\ 1 & 2 & 3 \\ 1 & 3 & 6 \end{pmatrix}$，则 $\boldsymbol{A}^{-1}$ 为(　　).

A. $\begin{pmatrix} 3 & -3 & 1 \\ -3 & 5 & -2 \\ 1 & -2 & 1 \end{pmatrix}$　　B. $\begin{pmatrix} 2 & 1 & 0 \\ 1 & 1 & 1 \\ 3 & 1 & 0 \end{pmatrix}$

C. $\begin{pmatrix} 1 & 0 & 2 \\ 1 & 0 & 2 \\ 1 & 1 & 2 \end{pmatrix}$　　D. $\begin{pmatrix} 3 & 3 & 1 \\ 3 & 5 & -2 \\ 1 & -2 & 1 \end{pmatrix}$

3. 解答题

1)证明可逆对称矩阵的逆矩阵也是对称矩阵.

2)若 $\boldsymbol{A}$ 是 $\boldsymbol{n}$ 阶对称矩阵,$\boldsymbol{B}$ 是 n 阶反称矩阵,试证:

(1)$\boldsymbol{A}^2,\boldsymbol{B}^2$ 及 $\boldsymbol{AB}-\boldsymbol{BA}$ 都是对称矩阵;

(2)$\boldsymbol{AB}$ 是反称矩阵的充要条件是 $\boldsymbol{AB}=\boldsymbol{BA}$.

3)用初等行变换,将下列矩阵化成梯形矩阵,并求它们的秩:

(1) $\begin{pmatrix} 1 & 4 & 10 & 0 \\ 7 & 8 & 18 & 4 \\ 17 & 18 & 40 & 10 \\ 3 & 7 & 13 & 1 \end{pmatrix}$;　　(2) $\begin{pmatrix} 2 & 1 & 11 & 2 \\ 1 & 0 & 4 & -1 \\ 11 & 4 & 56 & 5 \\ 2 & -1 & 5 & -6 \end{pmatrix}$;

(3) $\begin{pmatrix} 1 & 0 & 0 & 1 & 4 \\ 0 & 1 & 0 & 2 & 5 \\ 0 & 0 & 1 & 3 & 6 \\ 1 & 2 & 3 & 14 & 32 \\ 4 & 5 & 6 & 32 & 77 \end{pmatrix}$;　　(4) $\begin{pmatrix} 2 & 0 & 3 & 1 & 4 \\ 3 & -5 & 4 & 2 & 7 \\ 1 & 5 & 2 & 0 & 1 \end{pmatrix}$;

(5) $\begin{pmatrix} 3 & 2 & -1 & -3 & -2 \\ 2 & -1 & 3 & 1 & -3 \\ 4 & 5 & -5 & -6 & 1 \end{pmatrix}$;　　(6) $\begin{pmatrix} 1 & 0 & 1 & 0 & 0 \\ 1 & 1 & 0 & 0 & 0 \\ 0 & 1 & 1 & 0 & 0 \\ 0 & 0 & 1 & 1 & 0 \\ 0 & 1 & 0 & 1 & 1 \end{pmatrix}$.

4)从矩阵 $\boldsymbol{A}$ 中划去一行得到矩阵 $\boldsymbol{B}$,$r(\boldsymbol{A})$ 与 $r(\boldsymbol{B})$ 有什么样的关系.

5)设 $\boldsymbol{A}=\begin{pmatrix}1 & -2 & 3k\\ -1 & 2k & -3\\ k & -2 & 3\end{pmatrix}$,问 k 为何值时可使

(1) $r(\boldsymbol{A})=1$　(2) $r(\boldsymbol{A})=2$　(3) $r(\boldsymbol{A})=1$.

习题 5.4 线性方程组

1. **填空题**

(1) 以$\begin{pmatrix} 1 & 1 & 2 & 0 \\ 2 & 0 & 1 & 1 \\ 1 & 2 & 0 & 1 \end{pmatrix}$为增广矩阵的线性方程组是____________.

(2) $\begin{cases} x_1 + 2x_2 - 2x_3 - 3x_4 = 0, \\ 2x_1 - x_2 + 3x_3 + x_4 = 0 \\ 4x_1 + x_2 + 2x_3 - 2x_4 = 0, \end{cases}$ 的通解为____________.

2. **选择题**

(1) 线性方程组$\begin{cases} x_1 + 2x_2 + 5x_3 - 3x_4 = 3, \\ 2x_1 + x_2 - 3x_3 - x_4 = 2, \\ 3x_1 + x_2 + 2x_3 - 4x_4 = 1 \end{cases}$的系数矩阵为(　　).

A. $\begin{pmatrix} 1 & 2 & 5 & 3 \\ 2 & 1 & 3 & 1 \\ 3 & 1 & 2 & 4 \end{pmatrix}$　　B. $\begin{pmatrix} 1 & 2 & 5 & -3 & 3 \\ 2 & 1 & -3 & -1 & 2 \\ 3 & 1 & 2 & -4 & 1 \end{pmatrix}$

C. $\begin{pmatrix} 1 & 2 & 5 & -3 \\ 2 & 1 & -3 & -1 \\ 3 & 1 & 2 & -4 \end{pmatrix}$　　D. $\begin{pmatrix} 1 & 2 & 5 & 3 & 3 \\ 2 & 1 & 3 & 1 & 2 \\ 3 & 1 & 2 & 4 & 1 \end{pmatrix}$

(2) 以$\begin{pmatrix} 1 & 2 & 3 & 2 & 1 \\ 2 & 1 & 2 & 1 & 2 \\ 3 & 2 & 1 & 2 & 3 \\ 2 & 1 & 2 & 3 & 4 \end{pmatrix}$为增广矩阵的方程组为(　　).

A. $\begin{cases} x_1+2x_2+3x_3+2x_4=0 \\ 2x_1+x_2+2x_3+2x_4=0 \\ 3x_1+2x_2+x_3+2x_4=0 \\ 2x_1+x_2+2x_3+3x_4=0 \end{cases}$　　B. $\begin{cases} x_1+2x_2+3x_3+2x_4=1 \\ 2x_1+x_2+2x_3+2x_4=2 \\ 3x_1+2x_2+x_3+2x_4=3 \\ 2x_1+x_2+2x_3+3x_4=4 \end{cases}$

C. $\begin{cases} x_1-2x_2-3x_3-2x_4=0 \\ 2x_1-x_2-2x_3-2x_4=0 \\ 3x_1-2x_2-x_3-2x_4=0 \\ 2x_1-x_2-2x_3-3x_4=0 \end{cases}$　　D. $\begin{cases} x_1-2x_2-3x_3-2x_4=1 \\ 2x_1-x_2-2x_3-2x_4=2 \\ 3x_1-2x_2-x_3-2x_4=3 \\ 2x_1-x_2-2x_3-3x_4=4 \end{cases}$

3. 解答题

1)下列方程组是否有解？若有解，求出它的通解：

(1) $\begin{cases} 2x_1+4x_2-8x_3=8, \\ 4x_1+3x_2-9x_3=9, \\ 2x_1+3x_2-5x_3=7, \\ x_1+8x_2-7x_3=12; \end{cases}$　　(2) $\begin{cases} x_1+2x_2+x_3+x_4-x_5=1, \\ x_2+3x_3+x_4+x_5+x_6=1, \\ x_1+x_2+x_4+2x_6=2, \\ 2x_2+2x_3+x_4-x_6=0; \end{cases}$

(3) $\begin{cases} x_1+x_2+x_3+x_4+x_5=2, \\ 2x_1+3x_2+x_3+x_4-3x_5=6, \\ x_1+2x_3+2x_4+6x_5=0, \\ 4x_1+5x_2+3x_3+3x_4-x_5=4; \end{cases}$

(4) $\begin{cases} x_1+x_2+x_3+x_4+x_5=0, \\ 3x_1+2x_2+x_3+x_4-3x_5=0, \\ x_2+2x_3+2x_4+6x_5=0, \\ 5x_1+4x_2+3x_3+3x_4-x_5=0; \end{cases}$

(5) $\begin{cases} 3x_1+x_2-8x_3+2x_4+x_5=2, \\ 2x_1-2x_2-3x_3-7x_4+2x_5=6, \\ x_1+11x_2-12x_3+34x_4-5x_5=0, \\ x_1-5x_2+2x_3-16x_4+3x_5=4. \end{cases}$

2)选择 λ 的值使方程有解,并求解:

(1) $\begin{cases} 2x_1 - x_2 + x_3 + x_4 = 1, \\ x_1 + 2x_2 - x_3 + 4x_4 = 2, \\ x_1 + 7x_2 - 4x_3 + 11x_4 = \lambda; \end{cases}$

(2) $\begin{cases} \lambda x_1 + x_2 + x_3 = 1, \\ x_1 + \lambda x_2 + x_3 = \lambda, \\ x_1 + x_2 + \lambda x_3 = \lambda^2. \end{cases}$

本章测试

1. **填空题**

(1) 设 3 阶矩阵 $\boldsymbol{A}=\begin{pmatrix}1 & 2 & -2\\ 4 & t & 3\\ 3 & -1 & 1\end{pmatrix}$，$\boldsymbol{B}$ 为 3 阶非零矩阵，且 $\boldsymbol{AB}=\boldsymbol{O}$，则 t = ______.

(2) 设 $A=\begin{pmatrix}a & a\\ -a & -a\end{pmatrix}$，$B=\begin{pmatrix}b & -b\\ -b & b\end{pmatrix}$，则 AB = ______.

(3) 设方程组 $\begin{cases}x_1+\lambda x_2+x_3=0,\\ \lambda x_1+x_2+x_3=0,\\ x_1+x_2+\lambda x_3=0\end{cases}$ 有非零解，且 $\lambda<0$，则 λ = ______.

(4) 设 $\boldsymbol{A}$ 是 $m\times n$ 矩阵，$r(\boldsymbol{A})=r$，则 $\boldsymbol{A}x=\boldsymbol{0}$ 的基础解系中含解向量的个数为______.

2. **选择题**

(1) 设行列式 $\begin{vmatrix}a_{11} & a_{12}\\ a_{21} & a_{22}\end{vmatrix}=m$，$\begin{vmatrix}a_{13} & a_{11}\\ a_{23} & a_{21}\end{vmatrix}=n$，则行列式 $\begin{vmatrix}a_{11} & a_{12}+a_{13}\\ a_{21} & a_{22}+a_{23}\end{vmatrix}$ 等于(　　).

A. $m+n$　　B. $-(m+n)$　　C. $n-m$　　D. $m-n$

(2) 设矩阵 $\boldsymbol{A}=\begin{pmatrix}1 & 0 & 0\\ 0 & 2 & 0\\ 0 & 0 & 3\end{pmatrix}$，则 $\boldsymbol{A}^{-1}$ 等于(　　).

A. $\begin{pmatrix} \frac{1}{3} & 0 & 0 \\ 0 & \frac{1}{2} & 0 \\ 0 & 0 & 1 \end{pmatrix}$　　B. $\begin{pmatrix} 1 & 0 & 0 \\ 0 & \frac{1}{2} & 0 \\ 0 & 0 & \frac{1}{3} \end{pmatrix}$

C. $\begin{pmatrix} \frac{1}{3} & 0 & 0 \\ 0 & 1 & 0 \\ 0 & 0 & \frac{1}{2} \end{pmatrix}$　　D. $\begin{pmatrix} \frac{1}{2} & 0 & 0 \\ 0 & \frac{1}{3} & 0 \\ 0 & 0 & 1 \end{pmatrix}$

(3)设矩阵 $\boldsymbol{A},\boldsymbol{B}$ 为同阶方阵,且 $\boldsymbol{A}$ 可逆,若 $\boldsymbol{A}(\boldsymbol{X}-\boldsymbol{B})=\boldsymbol{E}$,则矩阵 $\boldsymbol{B}=$(　　).

A. $E+A^{-1}$　　B. $E-A$　　C. $E+A$　　D. $E-A^{-1}$

(4)设矩阵 A,B 均为可逆方阵,则以下结论正确的是(　　).

A. $\begin{pmatrix} \boldsymbol{A} & \\ & \boldsymbol{B} \end{pmatrix}$可逆,且其逆为$\begin{pmatrix} & \boldsymbol{A}^{-1} \\ \boldsymbol{B}^{-1} & \end{pmatrix}$

B. $\begin{pmatrix} \boldsymbol{A} & \\ & \boldsymbol{B} \end{pmatrix}$不可逆

C. $\begin{pmatrix} \boldsymbol{A} & \\ & \boldsymbol{B} \end{pmatrix}$可逆,且其逆为$\begin{pmatrix} & \boldsymbol{B}^{-1} \\ \boldsymbol{A}^{-1} & \end{pmatrix}$

D. $\begin{pmatrix} \boldsymbol{A} & \\ & \boldsymbol{B} \end{pmatrix}$可逆,且其逆为$\begin{pmatrix} \boldsymbol{A}^{-1} & \\ & \boldsymbol{B}^{-1} \end{pmatrix}$

(5)设 $\boldsymbol{A}$ 是方阵,如有矩阵关系式 $\boldsymbol{AB}=\boldsymbol{AC}$,则必有(　　).

A. $\boldsymbol{A}=0$　　B. $\boldsymbol{B}\neq\boldsymbol{C}$ 时 $\boldsymbol{A}=0$

C. $\boldsymbol{A}\neq0$ 时 $\boldsymbol{B}=\boldsymbol{C}$　　D. $|\boldsymbol{A}|\neq0$ 时 $\boldsymbol{B}=\boldsymbol{C}$

(6)已知 3×4 矩阵 $\boldsymbol{A}$ 的行向量组线性无关,则秩($\boldsymbol{A}^{\mathrm{T}}$)等于(　　).

A. 1　　B. 2　　C. 3　　D. 4

(7)设 $\boldsymbol{\alpha}_1,\boldsymbol{\alpha}_2,\cdots,\boldsymbol{\alpha}_k$ 是 n 维列向量,则 $\boldsymbol{\alpha}_1,\boldsymbol{\alpha}_2,\cdots,\boldsymbol{\alpha}_k$ 线性无关的充分必要条件是(　　).

A. 向量组 $\boldsymbol{\alpha}_1,\boldsymbol{\alpha}_2,\cdots,\boldsymbol{\alpha}_k$ 中任意两个向量线性无关

B. 存在一组不全为 0 的数 $l_1,l_2,\cdots,l_k$,使得 $l_1\boldsymbol{\alpha}_1+l_2\boldsymbol{\alpha}_2+\cdots+l_k\boldsymbol{\alpha}_k\neq0$

C. 向量组 $\boldsymbol{\alpha}_1,\boldsymbol{\alpha}_2,\cdots,\boldsymbol{\alpha}_k$ 中存在一个向量不能由其余向量线性表示

D. 向量组 $\boldsymbol{\alpha}_1,\boldsymbol{\alpha}_2,\cdots,\boldsymbol{\alpha}_k$ 中任意一个向量都不能由其余向量线性表示

(8)已知向量 $2\boldsymbol{\alpha}+\boldsymbol{\beta}=(1,-2,-2,-1)^{T}$,$3\boldsymbol{\alpha}+2\boldsymbol{\beta}=(1,-4,-3,0)^{\mathrm{T}}$,则 $\boldsymbol{\alpha}+\boldsymbol{\beta}=$(　　).

A. $(0,-2,-1,1)^{\mathrm{T}}$　　B. $(-2,0,-1,1)^{\mathrm{T}}$

C. $(1,-1,-2,0)^{\mathrm{T}}$　　D. $(2,-6,-5,-1)^{\mathrm{T}}$

(9)设 $\boldsymbol{A}$ 是正交矩阵,则下列结论错误的是(　　).

A. $|\boldsymbol{A}|^2$ 必为 1

B. $|\boldsymbol{A}|$ 必为 1

C. $\boldsymbol{A}^{-1}=\boldsymbol{A}^{\mathrm{T}}$

D. $\boldsymbol{A}$ 的行(列)向量组是正交单位向量组

(10)设 $\boldsymbol{A}$ 是实对称矩阵,$\boldsymbol{C}$ 是实可逆矩阵,$\boldsymbol{B}=\boldsymbol{C}^{\mathrm{T}}\boldsymbol{A}\boldsymbol{C}$. 则(　　)

A. $\boldsymbol{A}$ 与 $\boldsymbol{B}$ 相似　　B. $\boldsymbol{A}$ 与 $\boldsymbol{B}$ 不等价

C. $\boldsymbol{A}$ 与 $\boldsymbol{B}$ 有相同的特征值　　D. $\boldsymbol{A}$ 与 $\boldsymbol{B}$ 合同

3. 解答题

1) 设 $\boldsymbol{A}=\begin{pmatrix}1&2&0\\3&4&0\\-1&2&1\end{pmatrix}$, $\boldsymbol{B}=\begin{pmatrix}2&3&1\\-2&4&0\end{pmatrix}$. 求(1) $\boldsymbol{A}\boldsymbol{B}^{\mathrm{T}}$; (2) $|4\boldsymbol{A}|$.

2) 试计算行列式 $\begin{vmatrix}3&1&-1&2\\-5&1&3&-4\\2&0&1&-1\\1&-5&3&-3\end{vmatrix}$.

3) 设矩阵 $\boldsymbol{A}=\begin{pmatrix} 4 & 2 & 3 \\ 1 & 1 & 0 \\ -1 & 2 & 3 \end{pmatrix}$,求矩阵 $\boldsymbol{B}$ 使其满足矩阵方程 $\boldsymbol{AB}=\boldsymbol{A}+2\boldsymbol{B}$.

4) 设矩阵 $\boldsymbol{A}=\begin{pmatrix} 0 & -2 & 2 \\ -2 & -3 & 4 \\ 2 & 4 & -3 \end{pmatrix}$的全部特征值为 1,1 和 -8. 求正交矩阵 $\boldsymbol{T}$ 和对角矩阵 $\boldsymbol{D}$,使 $\boldsymbol{T}^{-1}\boldsymbol{AT}=\boldsymbol{D}$.

5）设 3 元线性方程组 $\begin{cases} 2x_1 + \lambda x_2 - x_3 = 1, \\ \lambda x_1 - x_2 + x_3 = 2, \\ 4x_1 + 5x_2 - 5x_3 = -1, \end{cases}$ 求：

(1)当 λ 取何值时，方程组有唯一解、无解、有无穷多解？

(2)当方程组有无穷多解时，求出该方程组的通解(要求用其一个特解和导出组的基础解系表示).

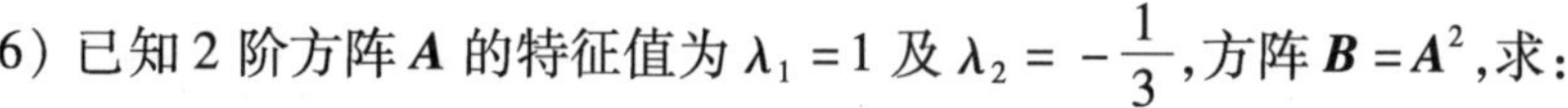

6）已知 2 阶方阵 $\boldsymbol{A}$ 的特征值为 $\lambda_1 = 1$ 及 $\lambda_2 = -\dfrac{1}{3}$，方阵 $\boldsymbol{B} = \boldsymbol{A}^2$，求：

(1)$\boldsymbol{B}$ 的特征值；

(2)$\boldsymbol{B}$ 的行列式.

第 6 章　概率统计初步

习题 6.1　随机事件与概率

1. **填空题**

(1) 设 A,B,C 为三个事件，则 A,B,C 都不发生的表达式为____________；A,B,C 不全都发生的表达式为____________；A,B,C 至少有一个发生的表达式为____________；A,B,C 至多有一个发生的表达式为____________.

(2) 设 A,B 为两个相互独立的随机事件，$P(A)=0.8$，$P(B)=0.2$，则 $P(A\cup B)=$__________.

(3) 设 A,B 互斥，$P(A\cup B)=0.8$，$P(A)=0.5$，则 $P(B)=$__________.

(4) 设 $P(A)=0.5$，$P(B)=0.6$，$P(A|B)=0.5$，求 $P(A\cup B)=$__________.

2. **选择题**

(1) 袋中放有 3 个白球，2 个黄球，两人依次从袋中取 1 球且不放回，则第二人取到黄球的概率为(　　).

A. 0.8　　B. 0.6　　C. 0.5　　D. 0.2

(2) 设 A,B 为两个独立的事件，且 $P(A\cup B)=0.6$，已知 $P(A)=0.2$，则 $P(B)=$(　　).

A. 0.2　　B. 0.3　　C. 0.4　　D. 0.5

(3)设 A,B,C 独立且 $P(A)=0.7,P(B)=0.8,P(C)=0.9$,则 $P(A\cup B\cup C)=$(　　).

A. 0.802　　B. 0.994　　C. 0.902　　D. 0.884

3. **解答题**

1)袋中有 4 个黄球,6 个白球,在袋中任取两球,求:

(1)取到两个黄球的概率;

(2)取到一个黄球、一个白球的概率.

2)从 0 ~ 9 的十个数字中任意选出三个不同的数字,求三个数字中最大数为 5 的概率.

3)从(0,1)中任取两数,求两数之和小于0.8的概率.

4)甲袋中装有5只红球,15只白球,乙袋中装有4只红球,5只白球,现从甲袋中任取一球放入乙袋中,再从乙袋中任取一球,请问从乙袋中取出红球的概率为多少?

5）某大卖场供应的微波炉中，甲、乙、丙三厂产品所占比例分别是 50%、40%、10%，而三厂产品的合格率分别为 95%、85%、80%，求：

（1）买 1 台微波炉是合格品的概率；

（2）已知买到的微波炉是合格品，则它是甲厂生产的概率为多大？

习题 6.2 随机变量及其分布

1. **填空题**

(1)已知随机变量 $X \sim U[1,6]$,求方程 $x^2+Xx+1=0$ 有实根的概率为__________.

(2)已知 X 的概率密度函数 $f(x)=\begin{cases} kx+1, & 0<x<2 \\ 0, & \text{其他} \end{cases}$,则 $k=$______,$P\left(X>\frac{1}{2}\right)=$______.

(3)设 $X \sim B(3,0.1)$,$P(X=2)=$__________,$P(X \geqslant 1)=$__________.

2. **选择题**

(1)设三次独立随机试验中事件 A 出现的概率相同,已知事件 A 至少出现一次的概率为 $\frac{37}{64}$,求 A 在一次试验中出现的概率 p 为(   ).

A. $\frac{1}{2}$ B. $\frac{1}{3}$ C. $\frac{1}{4}$ D. $\frac{1}{5}$

3. **解答题**

(1)某种灯管的寿命 X(单位:小时)的概率密度函数为 $f(x)=\begin{cases} \frac{1\,000}{x^2}, & x>1\,000 \\ 0, & \text{其他} \end{cases}$,求:

(1)$P\{X>1\,500\}$ 的值;

(2)任取 5 只灯管,其中至少有 2 只寿命大于 1500 的概率.

2)设 $X \sim B(n,p)$，$EX = 1.6$，$DX = 1.28$，求 n,p.

3)设 $X \sim \pi(2)$，求 $P\{X \geqslant 2\}$，$E(X^2 + 2X - 3)$.

4)设 $X \sim U[-1,6]$，求 $P\{-4 < X \leqslant 2\}$.

5)设 X 服从$(-1,5)$上的均匀分布,求方程 $t^2+Xt+1=0$ 有实根的概率.

6)设 $X\sim U[1,3]$,求 $EX,DX,E\left(\frac{1}{X}\right)$.

(7)设某机器生产的螺丝长度 $X\sim N(10.05,0.0036)$. 规定长度在 10.05 ± 0.12 的范围内为合格,求螺丝不合格的概率.

8)设 $X \sim N(0,4)$,$Y = -2X + 3\ 000$,求 EY、DY 及 Y 的分布.

习题 6.3　随机变量的数字特征

1. 填空题

(1)对圆的直径作挖测量,设其值均匀地分布在$[a,b]$内,则圆面积的数学期望为______.

2. 选择题

(1)随机向量(X,Y)在区域$D=\{(x,y)|0<x<1,|y|<x|\}$上服从均匀分布,则$Z=2Z+1$的方差为(　　).

A. $\frac{1}{9}$　　B. $\frac{2}{9}$　　C. $\frac{1}{3}$　　D. $\frac{4}{9}$

3. 解答题

1)设随机变量Z的概率密度为$P(x)=\frac{1}{2}e^{-|x|}$, $-\infty<x<\infty$,求$E(Z)$及$D(Z)$.

2)设随机变量 $X \sim P(\lambda)$,即 $P_k = P\{X = k\} = \dfrac{\lambda^k}{k!}e^{-\lambda}$,$k = 0,1,\cdots,n$,求 EX.

3)已知(X,Y)的联合分布律为：

$X \backslash Y$	-1	1	2
-5	0.1	0.4	0
5	0.2	a	0.2

求：

(1)a 值；

(2)$P\{X>0,Y\leq1\}$,$P\{Y=1|X=5\}$；

(3)X,Y 的边缘分布律；

(4)ρ_{XY}；

(5)判断 X,Y 是否独立.

4)已知(X,Y)的联合分布律为：

$X \backslash Y$	-1	1	2
0	a	$\frac{1}{9}$	$\frac{1}{6}$
1	$\frac{1}{9}$	b	$\frac{1}{3}$

且 X 与 Y 相互独立,求：

(1)a,b 的值；

(2)$P\{XY=0\}$；

(3)X,Y 的边缘分布律；

(4)EX,EY,DX,DY；

(5)$Z=XY$ 的分布律.

5)已知(X,Y)的概率密度函数为$f(x,y)=\begin{cases}c(x+y), & 0\leqslant x\leqslant 2,0\leqslant y\leqslant 1,\\0, & \text{其他},\end{cases}$

求:

(1)常数 c 的值;

(2)关于变量 X 的边缘概率密度函数$f_X(x)$;

(3)$E(X+Y)$.

6)设(X,Y)的概率密度函数为:$f(x,y)=\begin{cases} axy, & 0\leqslant x\leqslant 1,0\leqslant y\leqslant x, \\ 0, & 其他, \end{cases}$

求:

(1)a 的值;

(2)$f_X(x)$,$f_Y(y)$;

(3)判断 X,Y 是否独立;

(4)$P\left\{Y\geqslant\frac{1}{2}\right\}$,$P\{X+Y<1\}$;

(5)$\operatorname{cov}(X,Y)$.

习题 6.4　统计量及其分布

1. **填空题**

(1)所考察的全体对象称为______,组成总体的每一个考察对象称为______,被抽取的那些个体的集合称为______,样本所含个体的数目称为______.

(2)某种电器元件的寿命服从指数分布 $E(0.01)$(单位:小时),现随机抽取 16 只,其寿命之和大于 1 920 小时的概率为__________.

(3)从某班级的期末考成绩中,随机抽取 10 名同学的成绩,分别为

99　84　70　66　90　95　63　50　78　67

则总体为______,样本为______,样本值为______,样本容量为______.

(4)从正态总体 $N(3.4,6^2)$ 中抽取容量为 n 的样本,如果要求样本均值位于区间(1.4,5.4)内的概率不小于 0.95,则样本容量 n 至少应为_______.

(5)设总体 $X\sim N(80,20^2)$,从总体 X 中抽取一个容量为 100 的样本,则样本均值与总体均值之差的绝对值大于 3 的概率为______________.

2. **选择题**

(1)某厂生产的电池的寿命长期以来服从方差 $\sigma^2=5\ 000$ 的正态分布,现从一批产品中随机抽取 26 个电池,测得其寿命的样本方差 $s^2=9\ 200$,则(　　).

A. 可推断这批电池寿命的波动性较以前有显著增大

B. 可推断这批电池寿命的波动性较以前有显著减小

C. 可推断这批电池寿命的波动性较以前没有明显变化

D. 无法推断这批电池寿命的波动性较以前的变化

3. 解答题

1）求总体 $N(20,3)$ 的容量分别为 10，15 的两个独立样本均值差的绝对值大于 0.3 的概率.

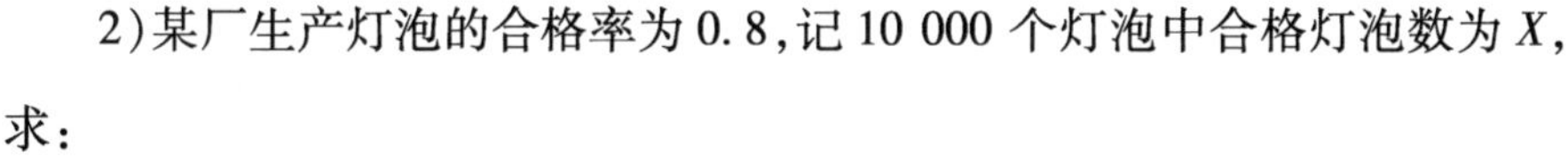

2）某厂生产灯泡的合格率为 0.8，记 10 000 个灯泡中合格灯泡数为 X，求：

（1）$E(X)$ 与 $D(X)$；

（2）合格灯泡数在 7 960 ~ 8 040 之间的概率.

3)有一批建筑房屋用的木柱,其中 80% 的长度不小于 3 m,现从这批木柱中随机地取 100 根,问至少有 30 根的长度小于 3 m 的概率是多少?

4)总体 $X \sim N(72,100)$,求:

(1)对容量 $n=50$ 的样本,样本均值 $\bar{X}$ 大于 70 的概率;

(2)为使 $\bar{X}$ 大于 70 的概率不小于 0.95,样本容量至少应为多少?

5)设 $X_1,X_2,\cdots,X_{10}$ 取自正态总体 $N(0,0.09)$,求 $P\left\{\sum_{i=1}^{10} X_i^2>1.44\right\}$.

6)设 $X_1,X_2,\cdots,X_n$ 来自总体 $X\sim N(\mu,\sigma^2)$,S^2 为样本方差,求 ES^2,DS^2.

7) 从一批零件中抽取 6 个样本,测得其直径为 1.5,2,2.3,1.7,2.5,1.8,求 $\bar{x}$,s^2.

习题 6.5　参数估计

1. **填空题**

(1) 由包含参数的两个数之间的区间给定的总体参数估计称为该参数的__________.

(2) 设随机变量 $X \sim B(n,p)$，其中 n 已知. $\bar{X}$ 为样本均值，p 的矩估计量为__________.

(3) 设总体 X 的概率密度函数为 $f(x)=\begin{cases}\dfrac{1}{1-\theta}, & \theta<x<1,\\ 0, & \text{其他},\end{cases}$ 其中 θ 是未知参数，θ 的矩估计量为__________.

2. **选择题**

(1) 设总体 X 的分布律为：

X	1	2	3
P	θ	θ	$1-2\theta$

现有样本：1，1，1，3，1，2，3，2，2，1，2，2，3，1，1，2，求 θ 的矩估计值为(　　).

A. $\dfrac{1}{12}$　　B. $\dfrac{3}{12}$　　C. $\dfrac{5}{12}$　　D. $\dfrac{7}{12}$

3. **解答题**

1）设总体 X 的概率密度函数为：$f(x)=\begin{cases}\theta x^{\theta-1}, & 0<x<1,\\ 0, & 其他,\end{cases}$

现测得 X 的 8 个数据：0.6，0.4，0.8，0.6，0.8，0.7，0.6，0.6，求 θ 的矩估计值和最大似然估计值.

2）设轴承内环的锻压零件的平均高度 X 服从正态分布 $N(\mu,0.4^2)$，现在从中抽取 20 只内环，其平均高度 $\bar{x}=32.3$ 毫米，求内环平均高度的置信度为 95% 的置信区间.

3)为了估计一批钢索所能承受的平均张力(单位:千克力/平方米),从中随机地选取了10个样品作实验,由实验所得数据算得:$\bar{x}=6\ 720$,$s=220$,设钢索所能承受的张力服从正态分布,试在置信水平95%下求这批钢索所能承受的平均张力的置信区间.

4)冷铜丝的折断力服从正态分布,从一批铜丝中任取10根,测试折断力,得数据为:578,572,570,568,572,570,570,596,584,572,求:

(1) 样本均值和样本方差;(2) 方差的置信区间($\alpha=0.05$).

5）设随机变量 Z 服从(0,2)上的均匀分布，则随机变量 $Y=Z_2$ 在(0,4)内的概率分布密度函数 $f_y(y)$，求 $f_y(y)$.

6）随机地取某种炮弹 9 发做试验，得炮口速度的样本标准差 $S=11$(m/s)，设炮口速度服从正态分布，求这种炮弹的炮口速度的标准差 σ 的置信度为 0.95 的置信区间.

习题 6.6　假设检验

1. 填空题

(1) 假设检验中的错误可以分为__________和__________.

(2) 小概率事件在一次试验中是不会发生的,这个命题称为__________.

2. 选择题

(1) 正常人的脉博平均为 72 次/分,现某医生测得 10 例慢性四乙基铅中毒者的脉博(次/分)如下:

54　67　68　78　70　66　67　70　65　69

则患者与正常人的脉博相比,表现为(　　).

A. 无显著差异　　　　B. 有显著差异

C. 有差异但不显著　　D. 不确定

3. 解答题

1) 某糖厂用自动打包机装糖,已知每袋糖的重量(单位:千克)服从正态总体分布 $N(\mu,4)$,今随机地抽查了 9 袋,称出它们的重量如下:

50,48,49,52,51,47,49,50,50

问在显著性水平 $\alpha=0.05$ 下能否认为袋装糖的平均重量为 50 千克?

2)某批矿砂的 5 个样本的含金量为:

3.25,3.27,3.24,3.26,3.24

设测定值总体服从正态分布,问在显著性水平 $\alpha=0.11$ 下能否认为这批矿砂的金含量的均值为 3.25?

3)某种螺丝的直径 $X\sim N(\mu,64)$,先从一批螺丝中抽取 10 个测量其直径,其样本均值 $\bar{X}=575.2$,方差 $s^2=68.16$.问能否认为这批螺丝直径的方差仍为 64($\alpha=0.05$)?

4)某厂生产的电池的寿命长期以来服从方差 $\sigma^2=5\ 000$ 的正态分布,现从一批产品中随机抽取 26 个电池,测得其寿命的样本方差 $s^2=9\ 200$,问能否推断这批电池寿命的波动性较以前有显著的增大($\alpha=0.02$)?

5)测定某种溶液中的水份,它的 10 个测定值给出 $S=0.037\%$,设测定值总体服从正态分布,σ_2 为总体方差,试在水平 $a=0.05$ 下检验假设

$$H_0:\sigma=0.04\%,H_1:a<0.04\%.$$

本章测试

1. 填空题

(1)已知 $P(A)=P(B)=P(C)=0.25, P(AC)=0, P(AB)=P(BC)=0.15$,则 A、B、C 中至少有一个发生的概率为______.

(2)A,B 互斥且 $A=B$,则 $P(A)=$______.

(3)把 9 本书任意地放在书架上,其中指定 3 本书放在一起的概率为______.

(4)已知 $P(A)=0.6, P(B)=0.8$,则 $P(AB)$的最大值为______,最小值为______.

(5)设某试验成功的概率为 0.5,现独立地进行该试验 3 次,则至少有一次成功的概率为______.

(6)设一射手进行 5 次独立射击,每次击中目标的概率为 0.7,只有 3 次命中的概率为______.

(7)一盒晶体管内有 6 个正品,4 个次品,作不放回抽样,每次任取一个,取两次,则第二次才取到正品的概率为______,第二次取到的是正品的概率为______.

(8)设随机变量 X 服从二项分布 $b(100,0.2)$,则 $P\{X>1\}=$______.

(9)设随机变量 X 服从$(0,1)$上的均匀分布,则 $P\{\frac{1}{2}<X<\frac{4}{3}\}=$______.

(10)设随机变量 X 服从参数为 λ 的泊松分布,且 $P\{X=0\}=1/2$,则 $\lambda=$______,$P\{X>1\}=$______.

2. **选择题**

(1)设事件 A 与 B 互不相容 $P(A)=0.2$,$P(B)=0.3$,则 $P(A\cup B)=$ (　　).

A. 0.2　　B. 0.3　　C. 0.4　　D. 0.5

(2)设事件 A 与 B 相互独立,$P(A)=0.5$,$P(B)=0.8$,则 $P(A\cup B)=$ (　　).

A. 0.1　　B. 0.4　　C. 0.7　　D. 0.9

(3)设 $P(A)=0.5$,$P(\bar{B})=0.4$,$P(B|A)=0.8$,,则 $P(A\cup B)=$ (　　).

A. 0.5　　B. 0.6　　C. 0.7　　D. 0.8

3. **解答题**

1)已知有10件产品,其中有4件为不合格品,现从中任取两件,求:

(1)所取两件至少有一件为不合格品的概率;

(2)若已知取出两件产品中有一件为不合格品,则另一件也是不合格品的概率.

2)一批同一规格的产品由甲厂和乙厂生产,甲厂和乙厂生产的产品分别占70%和30%,甲乙两厂的合格率分别为95%和90%,现从中任取一只,求:

(1)它是次品的概率为多少?

(2)若为次品,它是甲厂生产的概率为多少?

3)三个箱子,第一个箱子中有4个黑球1个白球,第二个箱子中有3个黑球3个白球,第三个箱子中有3个黑球5个白球,现随机地取一个箱子,再从这箱子中取出1个球,求:

(1)这个球是白球的概率;

(2)已知取出的球为白球,此球属于第二个箱子的概率.

4）袋中有编号为1到10的10个球，今从袋中任取3个球，求：

（1）3个球的最小号码为5的概率；

（2）3个球的最大号码为5的概率.

5）某大型连锁超市采购的某批商品中，甲、乙、丙三厂生产的产品分别占45%、35%、20%，各厂商的次品率分别为4%、2%、5%，现从中任取一件产品，求这件产品是次品的概率；（2）若这件产品是次品，求它是甲厂生产的概率？

6)设二维随机变量(X,Y)的联合概率密度为

$$f(x,y)=\begin{cases}(2-x)y, & 0\leqslant x\leqslant 2,0\leqslant y\leqslant 1,\\ 0, & \text{其他},\end{cases}$$ 求:

(1)X,Y的边缘概率密度$f_X(x),f_Y(y)$,并判断X与Y是否相互独立(说明原因)?

(2)$P\{X+Y\leqslant 1\}$.

7)有朋自远方来,他乘火车、轮船、汽车、飞机来的概率分别为 0.3,0.2,0.1,4,如果他乘火车、轮船、汽车来的话,迟到的概率分别为$\frac{1}{4}$,$\frac{1}{3}$,$\frac{1}{12}$,而乘飞机则不会迟到,求:

(1)他迟到的概率;

(2)如果他迟到,则他是乘火车来的概率是多少?

8)有两个小组进行初赛,甲组得分 $X \sim N(65,25)$,乙组得分 $Y \sim N(70,16)$,若得分超过 80 分可以参加决赛,问:

(1)哪一组出线的可能性大?

(2)这两个组的总分服从什么分布?

9）设 (X,Y) 的概率密度函数为：$f(x,y)=\begin{cases}Axy, & 0\leqslant x\leqslant 1, 0\leqslant y\leqslant x,\\ 0, & \text{其他},\end{cases}$

求：

(1) A 的值；

(1) $f_X(x)$，$f_Y(y)$；

(2) 判断 X，Y 是否独立；

(3) $P\left\{Y\geqslant\frac{1}{2}\right\}$，$P\{X+Y<1\}$；

(4) $\operatorname{cov}(X,Y)$.

10）随机地取某种炮弹 9 发做试验，得炮口速度的样本标准差 $S=11$ (m/s)，设炮口速度服从正态分布，求这种炮弹的炮口速度的标准差 σ 的置信度为 0.95 的置信区间.

综合训练

1.填空题

(1)设 $y=\arcsin x$,则 $y'=$________.

(2)抛物线 $y=x^3$ 在点(1,1)的切线方程为________.

(3)$f(x)=\begin{cases}\dfrac{\sin 2x}{x}, x\neq 0,\\ k, x=0,\end{cases}$ 在 $x=0$ 处连续,则 $k=$________

(4)$\lim\limits_{x\to 0}\dfrac{x^2+x}{x^3-3x^2-4x}=$________.

(5)微分方程 $y'=2xy$ 的通解是________.

(6)排列 23145 的逆序数是__________.

(7)计算二阶行列式 $\begin{vmatrix}3 & 1\\ 1 & 5\end{vmatrix}=$________.

(8)设线性方程组 $\boldsymbol{A}X=b$ 有解,且其系数矩阵的秩 $r(\boldsymbol{A})=4$,则其增广矩阵的秩 $r(\overline{\boldsymbol{A}})=$______.

(9)设 $\boldsymbol{A}=\begin{pmatrix}1 & 2\\ 3 & 4\end{pmatrix}$,则$\boldsymbol{A}^{-1}=$________.

(10)设$|\boldsymbol{A}|=4$, 则$|\boldsymbol{A}\boldsymbol{A}^{\mathrm{T}}|=$______.

(11)设 A,B 为两相互独立的随机事件,$P(A)=0.8$,$P(B)=0.2$,则 $P(A\cup B)=$________.

(12)设 $P(A)=0.5$,$P(B)=0.6$,$P(A|B)=0.5$,求 $P(A\cup B)=$______.

2. **选择题**

(1) $\frac{d}{dx}\int \ln x dx =$ (　　).

A. x　　B. e^x　　C. $\ln x$　　D. $\ln x dx$

(2) 设 $f(x)=\begin{cases} x^2, x\leqslant 1, \\ x+1, x>1, \end{cases}$ 则 $\lim\limits_{x\to 1} f(x) =$ (　　).

A. 1　　B. 2　　C. 0　　D. 不存在

(3) 在积分曲线族 $y=\int \sin 3x dx$ 中,过点 $\left(\frac{\pi}{6},1\right)$ 的曲线方程是(　　).

A. $y=\frac{1}{3}\cos 3x$　　B. $y=-\frac{1}{3}\cos 3x$

C. $y=-\frac{1}{3}\cos 3x+1$　　D. $y=\cos 3x+C$

(4) 设总体 X 的分布律为

X	1	2	3
P	θ	θ	$1-2\theta$

现有样本:1,1,1,3,1,2,3,2,2,1,2,2,3,1,1,2,则 θ 的矩估计值为(　　).

A. $\frac{1}{12}$　　B. $\frac{3}{12}$　　C. $\frac{5}{12}$　　D. $\frac{7}{12}$

(5) 定积分 $\int_a^b f(x)dx$ 是(　　).

A. 一个数　　B. 一个原函数　　C. 一个函数族　　D. 一个非负数

(6) 函数 $f(x)=\frac{1}{3}x^3-x$,则 $x=1$ 是函数在 $[-2,2]$ 上的(　　).

A. 极小值点,但不是最小值点　　B. 极小值点,也是最小值点

C. 极大值点,但不是最大值点　　D. 极大值点,也是最大值点

(7)微分方程 $x(y)^2-2yy'+x=0$ 的阶数是(　　).

A. 1　　B. 2　　C. 3　　D. 4

(8)微分方程 $y'-y=1$ 的通解为(　　).

A. $y=ce^x$　　B. $y=ce^x+1$　　C. $y=ce^x-1$　　D. $y=e^x-1$

(9)设行列式 $\begin{vmatrix} a & b \\ c & d \end{vmatrix}=A\neq 0$,则行列式 $\begin{vmatrix} -2a & -2b \\ -2c & -2d \end{vmatrix}$ 的值为(　　).

A. A　　B. $2A$　　C. $4A$　　D. $8A$

(10)设 $\boldsymbol{A}$ 为 3 阶方阵,且 $|\boldsymbol{A}|=2$,则 $|2\boldsymbol{A}^{\mathrm{T}}|=$(　　).

A. -16　　B. -4　　C. 4　　D. 16

(11)设四阶方阵 $\boldsymbol{A}$ 的元素均为 2,则 $R(\boldsymbol{A})=$(　　).

A. 1　　B. 2　　C. 3　　D. 0

(12)设 $\boldsymbol{A},\boldsymbol{B}$ 分别是 2×3 与 3×4 矩阵,则 $\boldsymbol{B}^{\mathrm{T}}\boldsymbol{A}^{\mathrm{T}}$ 是(　　).

A. 2×4 矩阵　　B. 3×4 矩阵　　C. 4×2 矩阵　　D. 2×3 矩阵

(13)$\boldsymbol{A}$ 为三阶方阵,线性方程组 $\boldsymbol{AX}=0$ 有非零解,则(　　).

A. $|\boldsymbol{A}|>0$　　B. $|\boldsymbol{A}|=0$　　C. $|\boldsymbol{A}|<0$　　D. $|\boldsymbol{A}|\neq 0$

(14)袋中放有 3 个白球,2 个黄球,两人依次从袋中取 1 球且不放回,则第二人取到黄球的概率为(　　).

A. 0.8　　B. 0.6　　C. 0.5　　D. 0.2

3. 计算题

1)求下列极限:

(1)$\lim\limits_{x\to 0}\dfrac{x+\sin x}{\ln(1+x)}$;　　(2)$\lim\limits_{x\to\infty}\left(1-\dfrac{2}{x}\right)^{3x}$.

2)计算下列积分：

(1)$\int \frac{x^2}{1+x^2}dx$；

(2)$\int \cos(5x)\,dx$；

(3)$\int_{-1}^{1}(x^2+2x-3)\,dx$；

3)设 $y=\ln(1+x^2)$，求 y'.

4）设 $y = e^x \sin x$，求 dy.

5）计算四阶行列式 $\begin{vmatrix} 2 & 2 & 0 & 1 \\ -1 & 2 & 1 & 0 \\ 3 & 3 & 1\ -1 & 2 \\ 1 & 2 & 0 & 3 \end{vmatrix}$.

6）计算：$\begin{pmatrix} 1 & 2 \\ 1 & 0 \\ 0 & -1 \end{pmatrix}\begin{pmatrix} 0 & 1 \\ -1 & 0 \end{pmatrix} + \begin{pmatrix} 1 \\ 0 \\ 2 \end{pmatrix}(1 \quad 2)$.

7）求解线性方程组$\begin{cases} x_1+x_2+x_3=0, \\ x_1+2x_2+3x_3=1, \\ 2x_1+3x_2+5x_3=0. \end{cases}$

4. **应用题**

1）求函数 $y=x(x-3)^2-2$ 的单调区间和极值.

2）求抛物线 $y^2=2x$ 与直线 $y=x-4$ 所围成的图形的面积.

3)两个工人加工同一种零件共100个，甲加工了40个，其中35个是合格品；乙加工了60个，其中有50个是合格品。设$A=\{$从100个零件中任取一个是合格品$\}$，$B=\{$从100个零件中任取一个，取到甲生产的$\}$，求概率：$P(A)$、$P(B)$、$P(AB)$、$P(A|B)$、$P(B|A)$.

4. 将一枚均匀的硬币连抛两次，试写出出现的正面次数X的分布函数及概率$P\{0<X\leqslant1\}$.

5. 设二维随机变量(X,Y)的联合分布函数为

$$f(x,y)=\begin{cases}1-2^{-x}-2^{-y}+2^{-x-y}, & x\geqslant0,y\geqslant0,\\0, & \text{其他},\end{cases}$$

求边缘分布函数$F_X(x)$和$F_Y(y)$，以及概率$P\{1<X\leqslant2,3<Y\leqslant5\}$.

参考文献

[1] 同济大学数学系. 高等数学(上、下册)[M]. 6 版. 北京:高等教育出版社,2007.

[2] 侯风波. 高等数学[M]. 北京:高等教育出版社,2000.

[3] 周光亚,张宏伟. 高等数学[M]. 北京:高等教育出版社,2010.

[4] 周光亚. 经济数学[M]. 第 2 版. 天津:天津大学出版社,2016.